Der Steinkohlenbergbau

des Preussischen Staates

in der Umgebung von Saarbrücken.

V. TEIL.

Die Kohlenaufbereitung und Verkokung im Saargebiet.

Unter Benutzung

der gleichnamigen Abhandlung von Richard Remy aus dem Jahre 1890

bearbeitet

von

Berginspektor Mengelberg

zu Grube Heinitz bei Saarbrücken.

Mit 43 Textfiguren und 14 lithographischen Tafeln.

Springer-Verlag Berlin Heidelberg GmbH

1904.

Additional material to this book can be downloaded from http://extras.springer.com.

ISBN 978-3-642-48513-8   ISBN 978-3-642-48580-0 (eBook)
DOI 10.1007/978-3-642-48580-0

Inhalt.

	Seite
Einleitung	5

A. Die Kohlenaufbereitung.

I. Die Trennung nach der Korngröße 9
  1. Bei der Kohlengewinnung in der Grube 9
  2. Bei der Verladung über Tage 10
    a) Allgemeines 10
    b) Die einzelnen Apparate 10
    c) Die Anordnung der Rätteranlagen 26

II. Die Kohlenwäschen 28
  1. Die Entwickelung des Wäschebetriebs in den letzten 30 Jahren . . 28
  2. Allgemeines über den Wäschebetrieb im Saargebiet 30
  3. Einrichtungen und Apparate der Kohlenwäschen 31
    a) Lagerung und Fortschaffung des Waschgutes 31
    b) Die Klassierapparate 33
    c) Die Setzmaschinen 35
    d) Die Schlammaufbereitungsapparate 41
    e) Die Einrichtungen zur Wasserklärung 46
    f) Die Lagerung der gewaschenen Kohle und die Verladeeinrich-
       tungen 48
    g) Die Abtrocknung und Aufbewahrung der Kokskohle 51
    h) Der Bergeaustrag und die Nachwäschen 53
    i) Die Antriebsmaschinen und die Pumpen 54
    k) Hilfseinrichtungen der Kohlenwäschen 55
  4. Die Kokskohlenwäschen 57
  5. Die Flammkohlenwäschen 64
  6. Die Grobkornwäschen 71

B. Die Verkokung.

1. Geschichtliches und Allgemeines über den Kokereibetrieb im Saarrevier 75
2. Die Verkokungsfähigkeit der Saarkohle 77
3. Die Koksofenarten des Saarbezirks 83
4. Die Einrichtungen zum Stampfen der Kokskohle 88
5. Ofenbetrieb und Kokereierzeugnisse 100
6. Die Verwertung der Abhitze 105
7. Die Gewinnung der Nebenerzeugnisse 111

Anlagen 121

Einleitung.

Für die technische Verwendbarkeit der Kohle ist neben ihren chemischen und pyrotechnischen Eigenschaften die Stückgröße und Reinheit maßgebend. Die nach dieser Hinsicht von den Abnehmern gestellten Anforderungen machen es notwendig, daß die zutage kommende Förderkohle durch Trennung nach der Korngröße und durch Reinigung von den beigemengten Bergen einer Aufbereitung unterworfen wird. Diese erfolgte anfangs lediglich auf trockenem Wege mittels Absiebens, später kam die nasse Aufbereitung nach den für Erzwäschen erprobten Methoden in den Kohlenwäschen immer mehr zur Aufnahme.

Die Entwicklung des trockenen Absiebens läßt sich bei den Saargruben bis in die 50er Jahre des vorigen Jahrhunderts zurück verfolgen. Man suchte eine Verbesserung der Kohlenbeschaffenheit zunächst durch Trennung der wertvollen Stückkohle einzelner, besonders reiner, Flöze von dem unreinen und daher minderwertigen Gries zu erreichen, ein Verfahren, welches anfangs als Handscheidung, seit dem Jahre 1859 aber schon auf feststehenden Stabrättern durchgeführt wurde.

Diese feststehenden Stabrätter wurden in der Folge auf fast sämtlichen Förderschächten des Bezirks eingeführt, sodaß je nach Bedarf Förder-, Stück- und Grieskohle verladen werden konnte. Seit dem Jahre 1872 überwiegt schon die Menge der abgerätterten Kohlen diejenige der ungesiebt abgesetzten Förderkohle. Die Einrichtungen waren in einfachster Weise derart getroffen, daß längs einer Sturzmauer, welche den Grubenbahnhof oder den dem Landabsatz dienenden Zufuhrweg abgrenzte, Kreiselwipper aufgestellt waren, unter denen sich die mit 23 bis zu 30 ° geneigten Stabrätter befanden. Die Stückkohle gelangte unmittelbar in die Bahn- oder Fuhrwagen, während der Gries in Trichtern sich ansammelte, aus denen er in Förderwagen abgezogen werden konnte.

Die feststehenden Stabrätter ohne weitere Hilfsvorrichtungen ermöglichten nur eine unvollkommene Separation und Reinigung der Kohle.

Eine Verbesserung der trockenen Kohlenaufbereitung, die zugleich eine
Erhöhung der Leistungsfähigkeit bedeutete, wurde zunächst durch die Einführung beweglicher Roste in Verbindung mit Lesebändern erreicht.
Hierhin gehören vor allem der Briartsche Rost, der zuerst auf Grube
Dechen (1878) und danach in schneller Folge bei der Mehrzahl der
Schachtanlagen des Bezirks eingeführt wurde. Bei Neubauten von Rätteranlagen ging man dann auf verschiedenen Gruben zum Baumschen Rost
über, der die dem Briartschen Rost anhaftenden Nachteile vermeidet. In
der jüngsten Zeit wird dem Tafelschwingsieb im Rätterbetrieb fast allgemein der Vorzug gegeben, da dieses bei einfachster Anordnung große
Leistungen erzielt und den Vorzug hat, daß es Veränderungen des Rätter-
verhältnisses durch Auflegen weiter oder enger gelochter Siebbleche entsprechend den Bedürfnissen des Absatzes am leichtesten gestattet.

Allgemein bezeichnet man die Stückkohle als I. Sorte, die Grieskohle
als III. Sorte, während die ungerätterte Förderkohle die Benennung
II. Sorte führt. Die Korngrenzen der einzelnen Sorten stehen nicht fest,
sondern werden den Bedürfnissen des Absatzes entsprechend verändert,
auch sind sie bei den einzelnen Gruben der Beschaffenheit der geförderten
Rohkohle entsprechend verschieden. Diejenigen Gruben, die mit Kohlenwäschen ausgerüstet sind, rättern die Stückkohle im allgemeinen auf
70—80 mm ab, die anderen auf 30—40 mm, wofern nicht auch bei diesen
schon im Rätterbetriebe eine Herstellung von Nußkohle verschiedener
Korngröße erfolgt. Auf einzelnen Gruben findet nur ein teilweises Absieben der Grieskohle statt, wodurch eine „abgesiebte Förderkohle"
entsteht.

Der Aufbereitung der Steinkohle auf einfachen Rättereinrichtungen
waren schon Versuche voraufgegangen, die zur Koksbereitung zu ver-
wendenden Kohlen durch Waschen von den beigemengten Bergen zu
befreien.

Abgesehen von einem im Jahre 1834 zu Dudweiler gemachten Versuche begann die Wascharbeit im Jahre 1845 mit der Anwendung von
Hand bedienter Setzkästen,*) welche zuerst auf der dem Hayinger Hütten-
werk gehörigen Koksanlage zu Altenwald in Betrieb standen. Infolge der
Erhöhung der Kokserzeugung im Laufe der 1850er Jahre wurden die
Handsetzkästen bald durch vollkommnere, maschinelle Einrichtungen ersetzt, an deren Entwicklung zu der heutigen Vollkommenheit der langjährige Direktor der de Wendelschen Koksanlage bei Grube Dudweiler,
Friedrich Rexroth, einen wesentlichen Anteil hat.

---

*) Vergl. Haßlacher, Geschichtliche Entwicklung des Steinkohlenbergbaues
im Saargebiet. Zeitschr. f. d. Berg-, Hütten- u. Salinenwesen. Band 32, Seite 505.

Die ersten Kohlenwäschen mit einem systematisch angeordneten Aufbereitungsgange kamen in folgender Reihenfolge in Betrieb:

1856 die beiden, von Bonnet erbauten Wäschen der Kokereien der Französischen Ostbahngesellschaft zu Forbach und in der Hirschbach,

1862 die Bérardsche Wäsche der Königsgrube zu Neunkirchen und die Sieverssche Wäsche zu Grube Heinitz,

1863 die Rexrothschen Wäschen der de Wendelschen Anlage und der fiskalischen Kokerei zu Grube Dudweiler.*)

In der Folge entstanden mit einer Anzahl neuer Kokereien auch neue Kohlenwäschen, welche teils nach Rexrothschen, teils nach Sieversschen (später Humboldt) System eingerichtet waren.

Auf die neuzeitliche Entwicklung des Wäschebetriebes im Saarrevier wird in einem der nachfolgenden Abschnitte noch näher einzugehen sein.

Im ganzen standen Ende 1903 zur Aufbereitung der Steinkohle auf den staatlichen Gruben im Saarrevier 18 Rätteranlagen und 16 Kohlenwäschen in Betrieb, während noch 2 Kohlenwäschen (Altenwald und Kohlwald) im Bau begriffen waren. Außerdem waren noch 9 Kohlenwäschen auf Privathüttenwerken**) vorhanden. (Vergl. Anlage I—III.)

Im Jahre 1902 wurden von insgesamt 8 298 395 t verkaufter Kohle 6 766 315 t = 81,5 % abgerättert. Von der gerätterten Kohle wurden 1 437 603 t = 21,2 % einer nassen Aufbereitung unterworfen, während 3 091 458 t = 45,7 % als erste Sorte und 2 238 254 t = 33,1 % als dritte Sorte verkauft wurden. Von der letzteren waren 1 767 689 t Fettgrieskohle, entsprechend 26,1 % des abgerätterten Gutes, welche den Kohlenwäschen der Privatkokereien zugeführt wurden, sodaß im ganzen 47,3 % der verkauften Kohlenmenge verwaschen worden ist.

Den Verkauf der Saargruben an sortierten und gewaschenen Kohlen in den 7 Jahren 1896—1902 stellt umstehende Tabelle dar.

Sie veranschaulicht die zunehmende Bedeutung der Wascharbeit bei der Saarbrücker Steinkohle.

---

*) Beschreibung der beiden erstgenannten Anlagen befindet sich in den Annales des mines (1859, Seite 489 u ff.), desgleichen der Berard- und Sieversschen Wäsche in Heinitz, Fleck u. Hartig, Die Steinkohlen Deutschlands (1865, II. Band, Seite 346 u. 356). Die alte Heinitzer und Dudweiler fiskalische Wäsche ist beschrieben in Band 20 (1872) der Zeitschr. f. d. Berg-, Hütten- u. Salinenwesen, Seite 173 u. ff.

**) Die im Bau begriffenen Wäschen der de Wendelschen Anlage bei Grube Dudweiler und der Dillinger Hütte sind nicht mitgerechnet.

Im Jahre		I. Sorte	II. Sorte	III. Sorte	Würfel-kohlen	Nuß-kohlen	Nuß-kohlen II und Schmiede-kohlen	Nußgries und Feingries	Summe
1896	Fl.	840 888	1 389 164	379 452	96 267	127 148	104 898	235 276	3 173 093
	Ft.	1 663 779	287 380	1 508 552	52 646	69 951	24 460	73 293	3 680 061
	Se.	2 504 667	1 676 544	1 888 004	148 913	197 099	129 358	308 569	6 853 154
1897	Fl.	854 595	1 286 782	390 779	146 589	194 181	176 372	341 860	3 391 157
	Ft.	1 738 037	235 255	1 603 253	79 369	120 037	61 141	114 455	3 951 548
	Se.	2 592 632	1 522 037	1 994 032	225 958	314 218	237 513	456 315	7 342 605
1898	Fl.	926 496	1 325 837	425 999	163 482	207 188	194 457	391 251	3 634 710
	Ft.	1 840 405	236 466	1 732 948	90 794	128 544	50 132	70 126	4 149 412
	Se.	2 766 901	1 562 303	2 158 947	254 276	335 732	244 587	461 377	7 784 122
1899	Fl.	962 413	1 453 036	443 811	143 997	201 633	175 825	398 678	3 779 393
	Ft.	1 917 186	232 969	1 746 405	89 502	136 444	53 565	65 821	4 239 892
	Se.	2 879 599	1 686 005	2 190 216	233 499	337 077	229 390	464 499	8 019 285
1900	Fl.	993 923	1 539 699	426 508	148 187	206 817	168 938	412 750	3 896 822
	Ft.	2 007 707	282 879	1 784 860	82 755	128 080	59 591	72 038	4 417 910
	Se.	3 001 630	1 822 578	2 211 368	230 942	324 897	228 529	484 788	8 314 732
1901	Fl.	1 089 887	1 393 850	423 834	169 779	212 592	197 900	399 368	3 887 213
	Ft.	2 029 635	248 019	1 716 382	81 007	132 182	54 272	66 707	4 328 204
	Se.	3 119 522	1 641 869	2 140 210	250 786	344 774	252 178	466 075	8 215 417
1902	Fl.	1 129 662	1 321 011	470 565	165 655	225 958	208 173	410 742	3 931 766
	Ft.	1 961 796	211 069	1 767 639	134 955	158 909	56 938	76 273	4 366 629
	Se.	3 091 458	1 532 080	2 238 254	300 610	384 867	265 111	487 015	8 298 395

Fl = Flammkohle, Ft = Fettkohle.

Den Umfang, den der Betrieb von Rätteranlagen und Kohlenwäschen im Saarrevier angenommen hat, lassen auch die Tabellen Anlage I—III erkennen, wonach die Gesamtzahl der im Separations- und Wäschebetrieb Verwendung findenden, effektiven Pferdestärken im Saargebiet 5425 beträgt, wovon rund 3100 PS auf die Kohlenwäschen der Privatkokereien entfallen.

A. Die Kohlenaufbereitung.

I. Die Trennung nach der Korngröße.

1. Bei der Kohlengewinnung in der Grube.

Vor allgemeiner Einführung der Rätter fand vielfach schon bei der Kohlengewinnung in der Grube eine getrennte Verladung der Stück- und Grieskohle statt. Neben entsprechender Betriebsweise des Arbeitsstoßes wurde auf einen möglichst hohen Stückkohlenfall dadurch hingewirkt, daß für die geförderte Stückkohle ein höheres Gedinge gezahlt wurde, als für die gleiche Menge gemischter Kohle.

Die getrennte Verladung ermöglichte einen sofortigen Stückkohlen-Absatz ohne vorherige Rätterarbeit und hatte den Vorteil, daß die Stücke weder selbst eine weitere Zerkleinerung erlitten, noch eine solche bei den anderen Sorten verursachten. Da indessen durch diese Handscheidung in der Grube nur die ganz groben Stücke ausgeklaubt werden konnten, während für die Zuführung der kleineren Stücke zur I. Sorte die Förderkohle doch noch gerättert werden mußte, so hat man mit Einführung der schwunghafteren Eisenbahnverladung auf den Hauptförderschächten die getrennte Förderung von Stück- und Grieskohle wieder aufgegeben und läßt die gesamte Förderkohle den Rättern zugehen. Nur vereinzelt kommt die Trennung von Stückkohle und Gries in der Grube auch heute noch zur Anwendung, wenn es sich darum handelt, Flöze abzubauen, die mit vielen kleinen Bergemitteln durchsetzt sind, deren Grieskohle also wesentlich minderwerter ist, als die anderer Flöze. In solchen Fällen gelangt nur die Stückkohle zum Verkauf, die Grieskohle wird im eigenen Betriebe verwendet.

Auf die Erzielung einer möglichst reinen Förderung wird schon bei der Kohlengewinnung in der Grube Bedacht genommen, und das Fördern unsauberer Kohlen ist unter empfindliche Strafen gestellt. Die in dieser Hinsicht getroffenen Maßnahmen fallen in den Abschnitt über den technischen Grubenbetrieb, es mag hier nur der gerade mit Rücksicht auf reine Förderung im Abbau immer mehr zur Aufnahme kommenden Kohlenrutschen Erwähnung getan werden.

2. Bei der Verladung über Tage.

a) Allgemeines.

Die Apparate zur Trennung des Fördergutes nach der Korngröße über Tage sind mit den eigentlichen Verladeeinrichtungen fast immer vereinigt; sie bilden zusammen die Rätteranlage der Grube.

Die Rätteranlagen der Saargruben liegen im allgemeinen bei den Hauptförderschächten, deren Ansatzpunkte sich in erster Linie nach der Möglichkeit des Eisenbahnanschlusses zu richten hatten. Wo ein unmittelbares Heranführen der Eisenbahngleise an die Förderschächte nicht möglich war oder aus anderen Gründen unterblieb, sind besondere Transporteinrichtungen von den Schächten zu einer Bahnanschluß besitzenden Verladehalle geschaffen. Beispielsweise besteht für sämtliche Förderschächte der Grube v. d. Heydt eine gemeinsame Rätteranlage beim Burbachstolln, der die gesamte Förderung der verschiedenen Schächte mittels Kettenförderung zugeführt wird. Abseits der Hauptförderschächte liegende, kleinere Förderanlagen lassen ihre Förderung mit maschinellen Einrichtungen auf horizontalen oder geneigten Bahnen über oder unter Tage der Hauptverladeanlage zugehen, wie die Josepha-Schachtanlage der Grube Serlo und die Geisheck-Anlage der Grube Heinitz. Im ganzen sind für die Verladung der auf den staatlichen Gruben geförderten Saarkohle, wie bereits erwähnt, 18 Rätteranlagen zur Eisenbahnverladung vorhanden. Eine Siebanlage für den Absatz auf dem Wasserwege besitzt die Berginspektion Louisenthal an der Kanalhalde, die mit Einrichtungen für die Schiffsverladung ausgerüstet ist; die letztere findet auch in geringerem Umfange bei den Gruben Schwalbach und Geislautern statt. Schließlich besitzen auch die lediglich dem Landabsatz dienenden kleineren Gruben Jägersfreude, Dilsburg und Wellesweiler einfache Vorrichtungen für die Verladung der verschiedenen, im Landabsatz zum Verkauf kommenden Kohlensorten.

Die großen, zur Eisenbahn verladenen Rätteranlagen mit ihrer durchschnittlichen täglichen Leistung sind in Anlage I zusammengestellt.

b) Die einzelnen Apparate.

Die Verladeeinrichtungen der Rätteranlagen bestehen allgemein aus Wippern mit darunter liegenden Sieben oder Rättern und einem als Leseband ausgebildeten Transportbande mit einem zum Heben und Senken eingerichteten Verladearm. Die Stückkohle gelangt von dem Band unmittelbar in die Bahnwagen, während die abgerätterte Kohle entweder in Vorratstrichter fällt und aus diesen unmittelbar zur Verladung kommt oder weiter klassiert und einer nassen Aufbereitung unterworfen wird.

Die in Anwendung stehenden Wipper sind meist Kreiselwipper, nur vereinzelt finden sich Kopfwipper vor. Erstere sind in der Regel so auf-

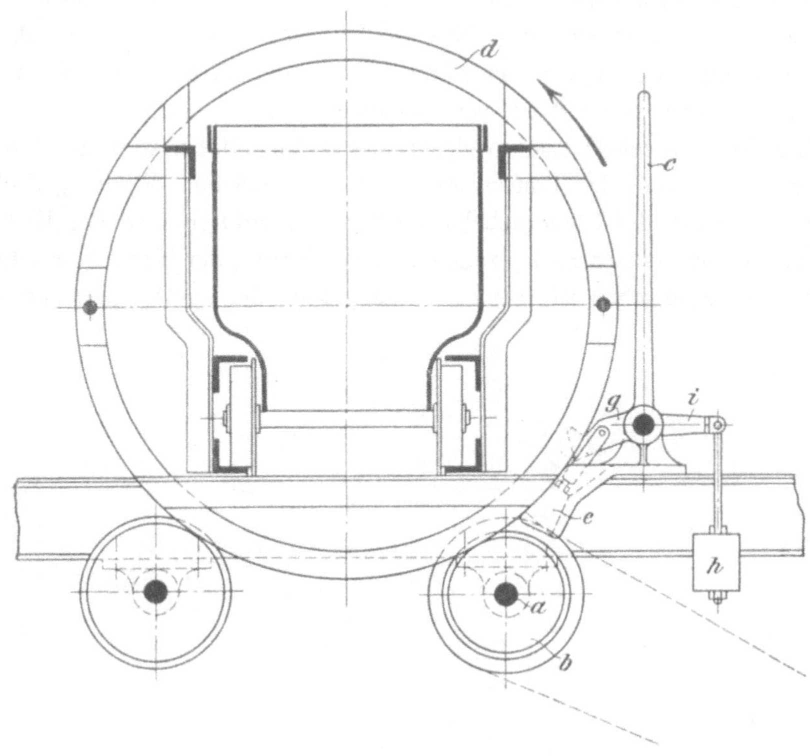

Fig. 1.

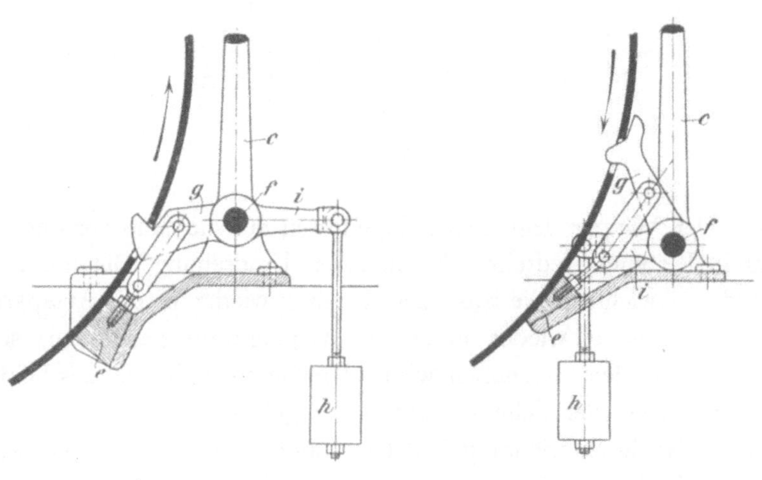

Fig. 2.   Fig. 3.

gestellt, daß die zu entladenden Wagen von einer Seite zugeführt und von der anderen Seite abgenommen werden, so daß ein flottes Entladen möglich wird. Die Bewegung der Wipper erfolgt nur noch vereinzelt von Hand, im allgemeinen ist ein mechanischer Antrieb durch Anschluß an die Transmission gewählt. Die am meisten verwendete Antriebsart ist die mittels Reibungsscheiben, wobei im einzelnen die Art der Feststellung des Wippers verschieden ausgeführt wird. Die Anordnung der Ausrückvorrichtung, wie sie von der Firma Schüchtermann & Cremer für verschiedene Anlagen geliefert ist, veranschaulichen die Figuren 1—3.

Die Antriebswelle a, auf welcher die Rollen bb befestigt sind, wird ununterbrochen von der Transmission bewegt. Soll der Wipper gedreht werden, so wird der Steuerhebel c ausgelegt; hierdurch wird der Keil e von dem Wipperkranz zurückgezogen und gleichzeitig der Hebel g, welcher mit einer Nase versehen ist, aus einer Aussparung des Laufkranzes heraus-

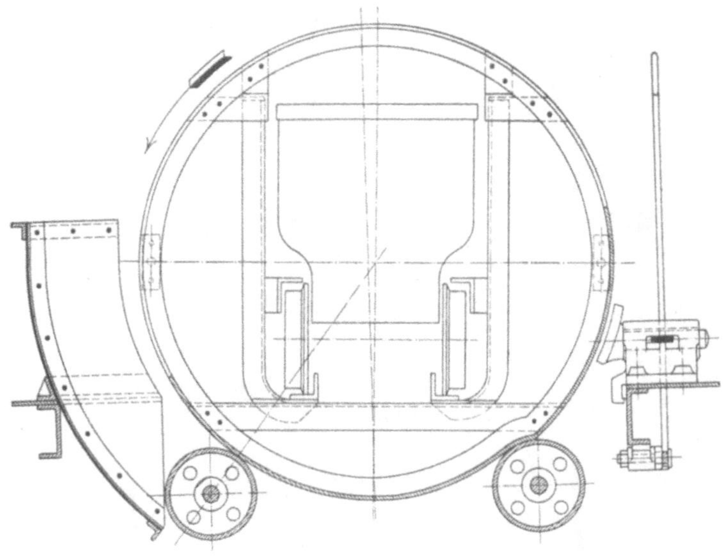

Fig. 4.

gezogen. Der Wipper legt sich infolgedessen auf die Antriebsrollen und wird durch Reibung gedreht. Nach einer Umdrehung fällt durch die Wirkung des Gewichts h die Nase des Hebels g wieder in die Aussparung, und der Keil e wird wieder unter den Wipperkranz geschoben, sodaß dieser von den Rollen abgehoben wird. Die Geschwindigkeit des Wippers ist durch die Größe der Scheiben genau geregelt.

Ähnlich ist die Einrichtung bei dem Baumschen Wipper (Fig. 4), bei welchem die Reibungswirkung nach einer Umdrehung durch eine Ausbuchtung im Wipperkranz aufgehoben wird.

Neben dem Reibungsantrieb ist bei den Kreiselwippern auch ein Antrieb durch einfache Riemenübertragung mit Leerscheibe und Einrückvorrichtung anzutreffen. Grube Camphausen besitzt einen Schwidtalschen Patentwipper, dem jedoch besondere Vorzüge gegenüber dem einfachen Kreiselwipper nicht nachgerühmt werden.

Für das Absieben der Kohlen stehen zurzeit, wie bereits eingangs erwähnt, fast ausschließlich Schwingsiebe in Gebrauch, während der früher allgemein angewendete Briartsche Rost ganz in den Hintergrund getreten ist. Häufiger wird noch der Baumsche Rätter angewandt. Der Briartsche Rost findet sich noch auf den Gruben Camphausen und Brefeld vor, doch wird er auf der letzteren Anlage durch ein Tafelschwingsieb ergänzt, um eine vollkommene Trennung der Korngrößen zu erzielen.

Der Briartsche Rost der Gruben Camphausen und Brefeld besteht aus 3,5 m langen Flacheisenstäben, die durch ihre Befestigung an gekröpften Wellen in eine auf- und abgehende, sowie eine vor- und zurück-

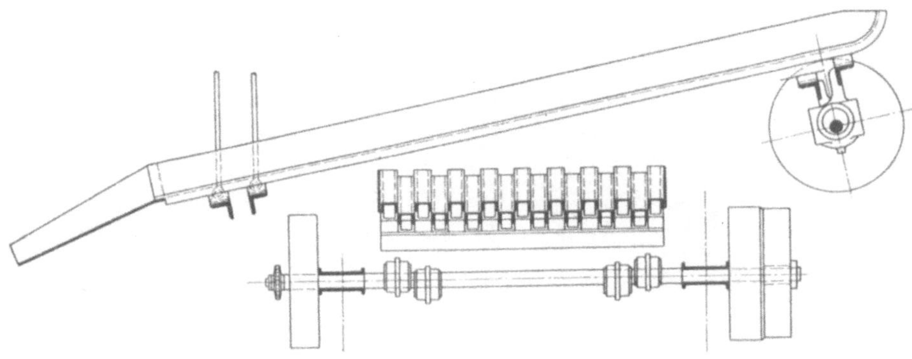

Fig. 5.

gehende Bewegung versetzt werden. Durch 2 sich gegeneinander bewegende Systeme derartiger Stäbe, denen eine Neigung von 10—12° gegeben ist, wird das Fördergut unter gleichzeitigem Abrättern der Grieskohle mit möglichster Schonung nach abwärts bewegt. Der lichte Abstand der Stäbe ist innerhalb bestimmter Grenzen veränderlich, so daß je nach den Anforderungen des Kohlenabsatzes der Erfall an Stückkohle vermehrt oder vermindert werden kann.

Dem Briartschen Rost haftet der Nachteil an, daß flache Bergestücke durch den Rost durchfallen und in den Gries kommen, während sie bei den Sieben mit der Stückkohle auf das Leseband gelangen und dort ausgelesen werden können.

Der Baumsche Rätter, der beispielsweise in Louisenthal anzutreffen ist, besteht im wesentlichen aus dicht nebeneinander liegenden ⌐⌐-Eisenstäben (Fig. 5), denen eine dem Briartschen Roste ähnliche Bewegung gegeben ist. Die Stäbe haben kreisrunde Lochungen, durch die das Absieben erfolgt; sie werden mit verschiedenen Lochweiten (in Louisenthal beispielsweise mit 80, 70 und 50 mm) vorrätig gehalten und lassen sich

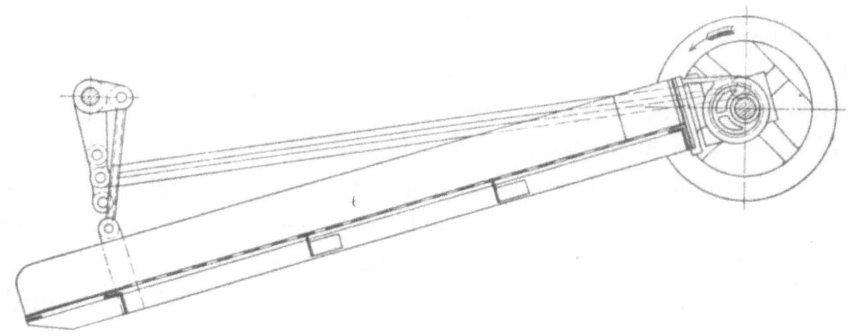

Fig. 6.

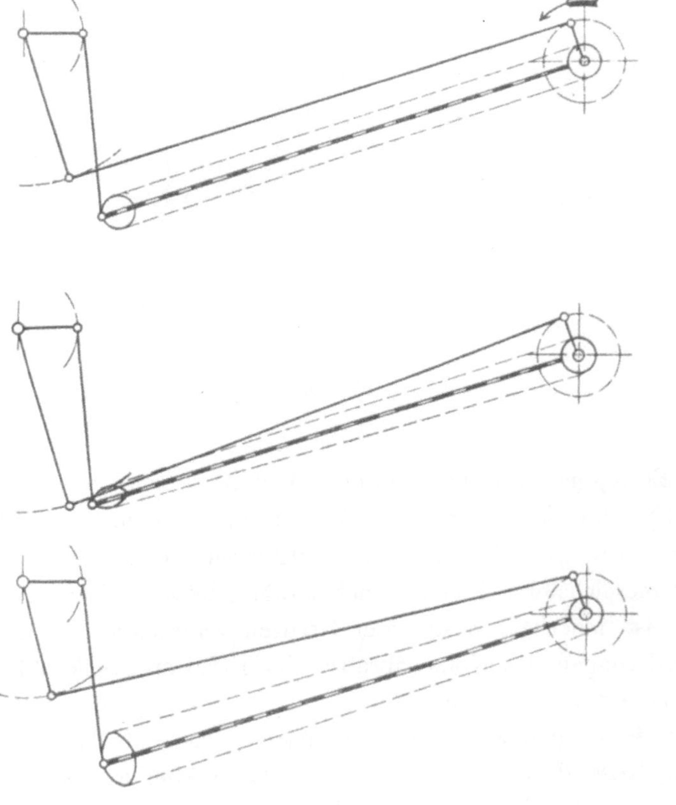

Fig. 7.

nach den Anforderungen des Absatzes leicht auswechseln. Auch kann die Menge der zu erzielenden Stückkohle durch gleichzeitiges Auflegen von gelochten und ungelochten Stäben beliebig verändert werden. In

dieser Beziehung besitzt der Baumsche Rätter eine große Abstufungs-
fähigkeit.

Die Anwendung von Schwingsieben zur Trennung von Stückkohle
und Gries im Rätterbetriebe begann im Saarrevier anfangs der 90 er Jahre
des vorigen Jahrhunderts, nachdem diese im Wäschebetrieb zum Absieben der einzelnen Nußsorten bereits vorher Eingang gefunden hatten.
Die Vorzüge der Schwingsiebe gegenüber den anderen Rättereinrichtungen
werden jetzt allgemein anerkannt. Sie beruhen vor allem auf der genauen
Absiebung der Grieskohle, der möglichsten Schonung der Stückkohle gegen
Zerkleinern, ihrer großen Leistungsfähigkeit (1 Sieb verarbeitet bis zu 80 t

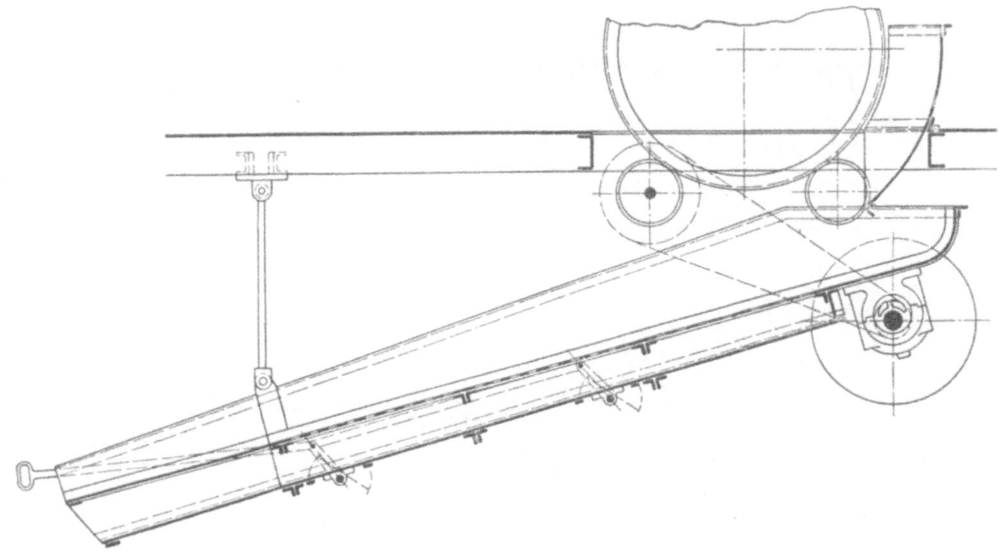

Fig. 8.

in der Stunde), dem geringen Kraftverbrauch und auf der Möglichkeit,
Siebbleche verschiedener Lochweite leicht und in kurzer Zeit auswechseln
zu können.

Von Schwingsieben stehen zwei Arten in Anwendung, das Lauesche
(Fig. 6 und 7) und das Baumsche Sieb (Fig. 8). Sie unterscheiden sich
im wesentlichen nur durch die Art ihrer Aufhängung. Bei dem
Laueschen Sieb beschreibt der untere Teil des Siebes vermittelst
besonders bewegten Kniegelenkhebels einen Kreis bezw. Ellipse (vergl.
Fig. 7), wogegen Baum nur den oberen Teil des Siebes eine Kreis-
bewegung beschreiben läßt, während der untere Teil sich einfach vor- und
zurückbewegt. Der Antrieb beider Siebe erfolgt von der Haupttransmission
aus, die schüttelnde Bewegung wird durch Exzenter hervorgerufen.

Die Abmessungen der Siebe richten sich nach den Verladeverhältnissen, Größe der Rätterhalle und Menge des durchzurätternden Gutes. Gewöhnliche Abmessungen sind 1,6 m Breite und 4,5 m Länge bei 15 bis 16° Neigung.

Auf verschiedenen Schachtanlagen sind die Schwingsiebe als Doppelsiebe ausgebildet, welche außer Stückkohlen und Gries noch eine Grobkornsorte (35—80 mm) absieben, die zur weiteren Aufbereitung einer Kohlenwäsche zugeführt wird (Fig. 8).

Die Rätterhalle der Grube Göttelborn besitzt außer den Schwingsieben zur Trennung von Gries und Stückkohle besondere Tafelsiebe, auf denen Würfel und Nüsse trocken abgesiebt werden können, doch findet

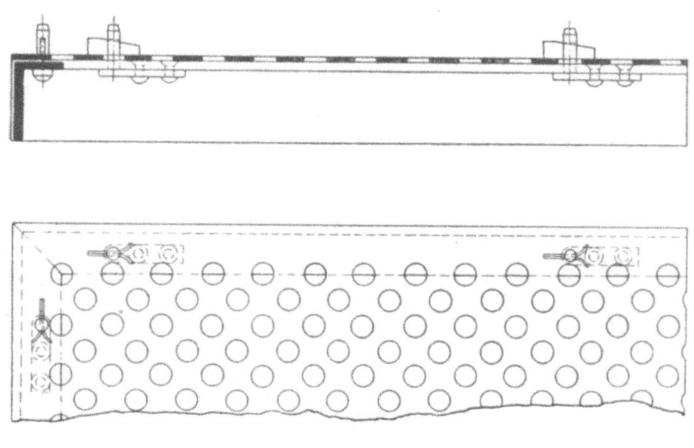

Fig. 9.

infolge der Ende 1903 erfolgten Inbetriebnahme einer Kohlenwäsche dieses Absieben jetzt nicht mehr statt. Die Einrichtung bleibt jedoch zur Reserve bestehen.

Zum schnellen Auswechseln der Bleche auf den Schwingsieben bewährt sich eine Art des Befestigens derselben mittels Dorn und Splinten, die von Schüchtermann neuerdings ausgeführt wird. Sie gestattet ein schnelleres Umlegen der Blechplatten, namentlich bei Doppelsieben, als die gewöhnlich vorzufindende Schraubenbefestigung. Fig. 9 veranschaulicht diese Befestigungsart.

Die Verladung von Förderkohle ohne jede Abrätterung findet im ganzen nur in mäßigem Umfange statt. Wo sie noch in größerem Maße in Anwendung steht, wie beispielsweise bei der Rätteranlage des Albertschachtes der Berginspektion Louisenthal, wird die Grieskohle zunächst abgesiebt, sodann aber dem Verladeband so wieder zugeführt, daß sie auf diesem zu unterst liegt, während die Stückkohle zum leichteren Auslesen der Schiefer auf die Grieskohle aufgetragen wird. Bei dieser Anordnung der Verladung von Förderkohle hat man es auch in der Hand, durch Abziehen größerer Mengen von Grieskohle die Güte der Förderkohle zu verbessern und dadurch die Handelsmarke: „abgesiebte Förderkohle" herzustellen.

Wo Förderkohle ohne weiteres Abrättern verladen wird, bestehen hierfür einfache Einrichtungen, die im wesentlichen aus einem Wipper mit

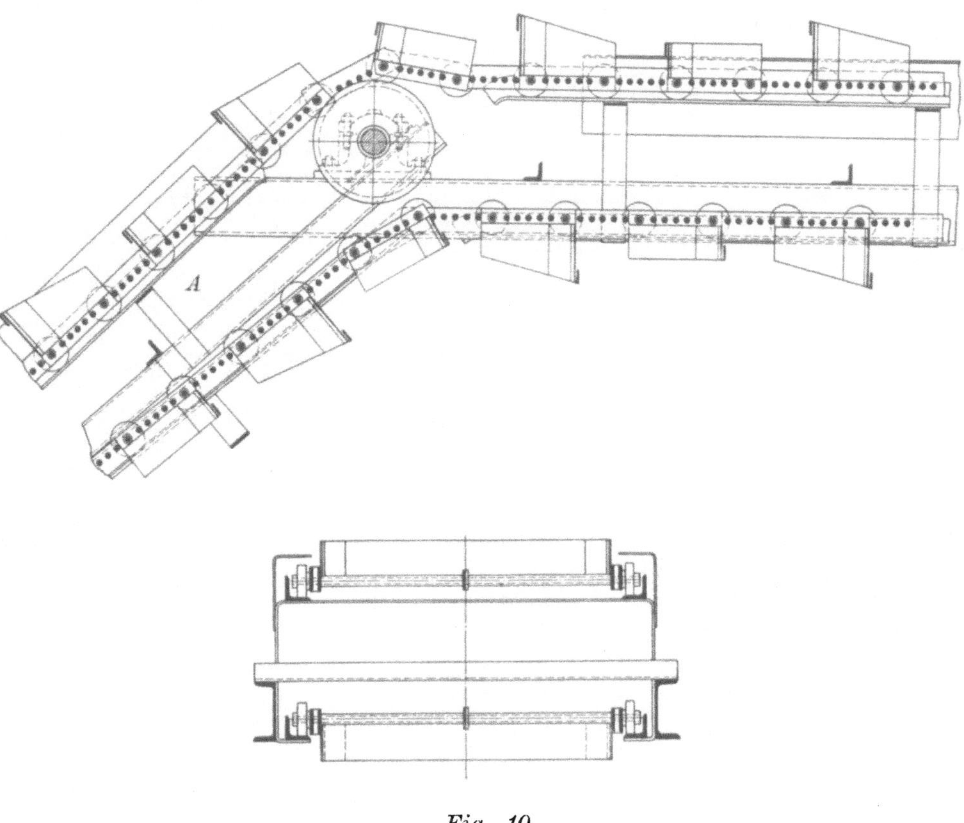

Fig 10.

darunter liegender, geneigter Blechrutsche und manchmal noch einem als Leseband ausgebildeten Verladeband bestehen. Sonst lassen sich auch die Schwingsiebe zur Verladung von Förderkohle in der Weise verwenden, daß an Stelle der gelochten Bleche volle Blechtafeln aufgelegt werden.

Bei allen Anlagen gelangt die von den Sieben kommende I. Sorte zunächst auf wagerechte oder schwach geneigte Verladebänder, auf welchen sich ein leichtes Auslesen etwaiger mitgeförderter Bergestücke bewirken läßt. Länge und Breite dieser nach ihrem Erfinder Cornet bezeichneten Verlade- bezw. Lesebänder sind in erster Linie durch die Möglichkeit eines sauberen Auslesens, sodann auch durch die gegenseitige

Lage der Schächte und des Grubenbahnhofs bedingt. Als gewöhnliche Abmessungen der Verladebänder gelten Längen von 8—12 m und eine Breite von 0,8—1 m. Die einzelnen Glieder derselben bestehen aus einfachen oder doppelten Laschen von 0,3—0,5 m Länge, welche durch Bolzen zusammengehalten sind; neben den Laschen laufen kleine Führungs-

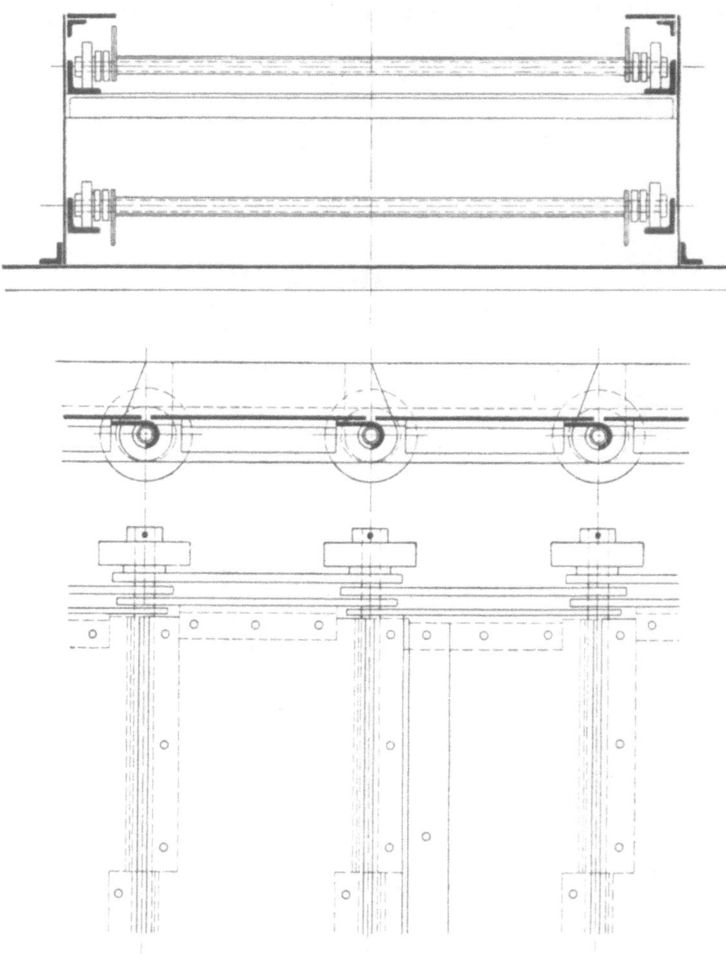

Fig. 11.

rollen, die den belasteten Teil des Bandes tragen. Die auf das Band gebrachte Kohle lagert entweder auf Stäben, die quer zwischen den Führungslaschen in geringen Abständen (20—30 mm) eingezogen sind, sodaß der etwa noch nicht abgesiebte Gries auf dem Wege zum Bahnwagen noch durchfallen kann (Fig. 10), oder das Leseband wird durch Blechtafeln gebildet, die auf den Laschen aufgenietet und dann meist seitlich aufgebörtelt sind; letzteres soll ein Überfallen der Kohle während des Vorwärtsbewegens verhindern (Fig. 11). Neuerdings gibt man den Förderbändern mit festen Blechen allgemein den Vorzug, da die durchlässigen Stabglieder der Staubbildung wegen unzweckmäßig sind. Auch lassen sich auf Bändern mit festen Blechen außer Stückkohle alle andern Sorten, vor allem auch Förderkohle, verladen.

Die Geschwindigkeit der Lesebänder ist so gewählt, daß eine gute Verteilung der Kohle auf dieselben, auch noch bei starker Aufgabe des Fördergutes, erfolgt, damit ein sorgfältiges Ausklauben der Berge gewährleistet ist; die Bandgeschwindigkeit beträgt durchschnittlich 0,25—0,30 m in der Sekunde. Der Antrieb wird in einfachster Weise von der Haupttransmission aus mittels entsprechender Riemenscheiben bewirkt.

Zur Schonung der Stückkohle beim Einladen in die Bahnwagen ist der vordere Teil A (Fig. 10) des Lesebandes als Gelenk ausgebildet, welches ein Senken des Bandes bis nahezu auf den Boden des Wagens gestattet und dessen Gewicht in der Weise ausgeglichen ist, daß es in jeder beliebigen Höhenlage entsprechend dem Fortschreiten der Beladung festgehalten und ohne größere Kraftaufwendung beliebig gehoben und gesenkt werden kann.

Mit Hilfe der in Fig. 12 dargestellten Vorrichtung läßt sich der Verladearm mechanisch von der Haupttransmission aus auf- und abbewegen. Das bewegliche Nüßchen n, welches mittels des Hebels m auf der von der Transmission aus bewegten Stelle w verschoben werden kann, nimmt in den äußeren Stellungen des Hebels entweder das Kegelrad k oder k_1 durch Reibung mit, wodurch die Spindel s rückwärts oder vorwärts gedreht und das den Verladearm tragende Seil auf- oder abgewickelt wird. In der mittleren Stellung des Hebels stehen die Kegelräder still.

An Stelle des mit dem Band vereinigten beweglichen Verladearmes werden neuerdings auch besondere, von dem Leseband getrennte Verladebänder gebaut, die in ähnlicher Weise zum Heben und Senken eingerichtet sind wie die Gelenke der Lesebänder. Derartige besondere Verladebänder lassen sich auch rechtwinklig zur Richtung des Lesebandes anordnen, sodaß der Kohle auf dem Weg zum Bahnwagen eine Richtungsänderung gegeben werden kann. Dies ermöglicht bei Verhältnissen, die sonst die Querverladung bedingen, die Anwendung der zweckmäßigeren Längsverladung.

Die Lesebänder werden von Klaubejungen, wozu vielfach jugendliche Arbeiter genommen werden, bedient. Die von Hand ausgelesenen Klaubeberge werden meist in Förderwagen geladen und diese mittels Dampfaufzugs oder in sonstiger Weise nach der oberen Bühne der Rätterhalle gehoben und von hier zur Bergehalde gefahren oder sie gelangen auch zu den Förderschächten zurück, um als Versatzberge in die Grube zu gehen. Vereinzelt findet sich die Einrichtung, daß für die ausgelesenen

Berge besondere trichterförmige Kästen mit Schieber in die Rätterhalle
eingebaut sind, die ein Abziehen der Berge in besondere Wagen unter
der Rätterhalle gestatten. Auf der Rätteranlage der Grube König werden

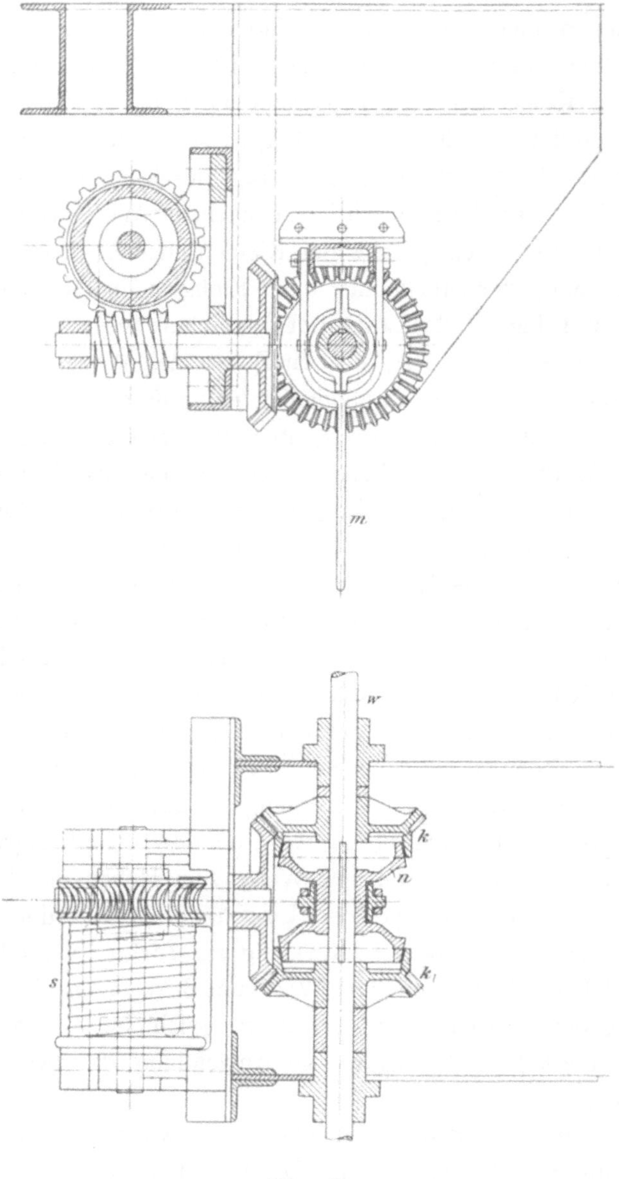

Fig. 12.

die Berge in kleine Fördergefäße verladen, die nach Art der Drahtseil-
bahnwagen auf Laufschienen fortbewegt und zum Einladen der Klaubeberge an jede Stelle der Lesebänder herangefahren werden können. Aus

diesen, in der üblichen Weise zum Kippen eingerichteten, kleineren Wagen werden die Berge an einem Punkte der Rätteranlage in Förderwagen entleert und in diesen zur Bergehalde gebracht. Die Einrichtung gestattet ein leichteres Heranbringen der für das Fortschaffen der Berge erforderlichen Gefäße an die mit dem Lesen beschäftigten Arbeiter.

Wo noch eine Abscheidung der mit der Kohle verwachsenen Bergestücke für erforderlich gehalten wird, stehen leichte Scheidhämmer in Gebrauch, die an einem Ende mit einer Spitze, am andern mit einer Schneide versehen sind. Zur genaueren Handscheidung der durchwachsenen Schiefer waren auf der Rätteranlage der Grube Kronprinz besondere Böcke aufgestellt, die einen Rost von mehreren Stäben trugen, auf welchen die flachen Bergestücke mit Scheidhämmern abgetrennt wurden. Doch hat man neuerdings vorgezogen, die durchwachsenen Berge unmittelbar unter Dampfkesseln zu verfeuern, wofür eine Batterie von 3 Mac.-Nicol-Kesseln aufgestellt worden ist.

Die für die Klaubarbeit an den Lesebändern verwendeten minderjährigen Arbeiter werden meist entsprechend der Dauer der Grubenschichten in 8 stündigen Schichten, auf einzelnen Anlagen auch in 6 stündigen Schichten beschäftigt. Ihre Bezahlung erfolgt fast durchweg im Schichtlohn. Zu ihrer Überwachung sind besondere Aufseher angestellt.

Der Antrieb der Rätteranlagen erfolgt fast überall durch Dampfmaschinen, die an geeigneter Stelle unter oder neben der Rätterhalle Aufstellung finden und mittels Riemenübertragung auf eine Haupttransmissionswelle arbeiten, von der aus die Bewegungsantriebe nach den einzelnen Kraftverwendungsstellen gehen. Je nach dem Kraftbedarf der Rätterhalle und mit Rücksicht auf eine Reserve sind ein- oder zweizylindrige Maschinen gewählt, die mit einer schnell regelnden Steuerung ausgerüstet sind, damit die Maschine bei der wechselnden Belastung der Rätter- und Verladeeinrichtungen stets annähernd die gleiche Umlaufzahl beibehält. Der elektrische Antrieb steht auf den fiskalischen Saargruben nur bei der Anlage der Grube Heinitz in Anwendung und auch hier nur als Ersatz einer Dampfmaschine, die wegen ihres ungünstigen Dampfverbrauches in Reserve gestellt ist. Er ist ganz durchgeführt, was hier Erwähnung finden mag, auf den Rätteranlagen der Saar- und Mosel-Bergwerksgesellschaft zu Spittel-Karlingen, die bei ihrer neuesten Anlage auf Schacht V den unmittelbaren Antrieb mittels Motor sogar für jeden einzelnen Kreiselwipper eingerichtet hat.

Neben der Bewegung der Kohle bis zur Bahnverladung macht die Trennung der verschiedenen Sorten innerhalb der Rätterhalle vielfach noch die Förderung von Kohlen nach besonderen Entnahmestellen erforderlich, sodaß bei dem Rätterbetrieb außer den Verladebändern noch andere maschinelle Beförderungseinrichtungen in Betracht kommen, deren Zweck im wesentlichen die Ersparung menschlicher Arbeitskräfte ist. Hierhin gehören zunächst die Einrichtungen für die Beförderung des Waschgutes zu den Kohlenwäschen, auf welche im II. Abschnitt zurückzukommen sein wird. Es bleiben daher hier hauptsächlich die wenigen Einrichtungen zu besprechen, welche zur Fortschaffung der von den einzelnen Schwingsieben kommenden Grieskohle vorhanden sind.

Für die wagerechte und schwach ansteigende Beförderung von nicht zu feuchter Feinkohle jeder Art stehen mit Vorliebe Kratzbänder in Anwendung, die sich bei einfachster Betriebsweise und geringem Verschleiß

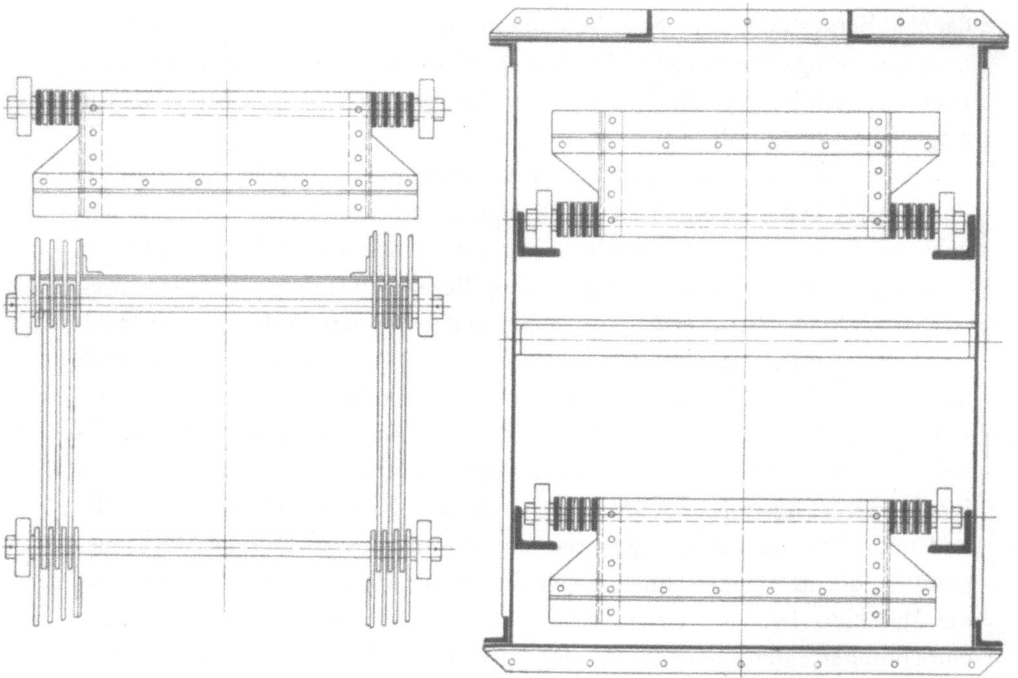

Fig. 13.

allgemein bewähren, namentlich, da sie auch große Leistungen aufzuweisen haben. So befördert beispielsweise auf Grube Heinitz ein 29 m langes und 1,2 m breites Kratzband die gesamte, während der Förderung fallende Griesmenge, die in 15 Stunden reiner Förderzeit etwa 1400 t beträgt, zu dem einen Ende der Rätterhalle hin, was einer stündlichen Leistung von 90 t entspricht. Der effektive Kraftverbrauch des Bandes beträgt hierbei 30 PS, welche von einem Drehstrommotor mittels Riemenübertragung geliefert werden. Die Anordnung der Kratzen und der Tragerollen dieses Bandes veranschaulicht Fig. 13.

An Stelle von Kratzbändern werden zur wagerechten Förderung auch mehrfach Transportbänder verwendet, welche den Kratzbändern gegenüber eine größere Schonung der Kohle ermöglichen, also sich mehr für gröbere Sorten eignen; sie stehen hinsichtlich ihres Kraftverbrauchs günstiger als die Kratzbänder, dürften diesen dagegen bezüglich des Verschleißes nachstehen. Ein auf Grube Dechen vorhandenes Transportband, welches Grieskohle in wagerechter und in ansteigender Richtung befördert, zeigt Tafel 1.

Die Grieskohle fällt aus den Trichtern T, über denen die Schwingsiebe liegen, auf das mit 25 m Geschwindigkeit in der Minute bewegte Band A, welches aus einzelnen Becherkästen besteht, die gegeneinander beweglich sind (Fig. 14). Die Kohle wird am Ende des Bandes in 2 Vorratsbehälter L und M ausgetragen, die entsprechend den Gleis-

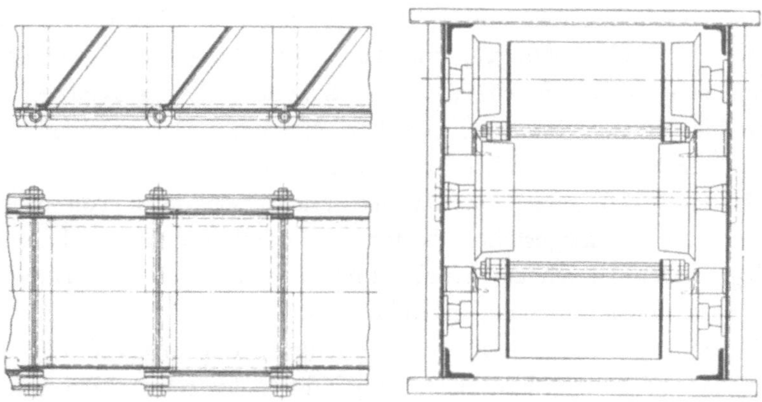

Fig. 14.

anlagen der Grieskohlenabnehmer Abzapfstellen auf zwei verschiedenen Bühnen haben. Das Band leistet bei 630 mm Breite und 320 mm Höhe der Becherkasten und bei einer Gesamtlänge von 50 m bequem 70 t in der Stunde. Der Antrieb erfolgt durch einen Elektromotor; die hierzu erforderliche Kraft beträgt 10—12 PS, während für den Leerlauf des Bandes etwa 8 PS erforderlich sind.

Außer diesem Griesförderband ist in die Rätterhalle der Grube Dechen ein Nußkohlenband von 30 m Länge eingebaut, welches die auf den Doppelsieben fallende Grobkornkohle (30—80 mm) nach dem an dem westlichen Ende der Rätterhalle gelegenen Vorratsraum der Kohlenwäsche befördert. Das Band hat 650 mm Breite und besteht aus einzelnen Gliedern von 500 mm Länge. Der Antrieb erfolgt auch hier durch einen besonderen Elektromotor, welcher im laufenden Betriebe 4,4 KW = 5,8 PS leistet.

Eine für die Beförderung großer Mengen berechnete Fördereinrichtung kommt noch im laufenden Jahre auf Grube Heinitz in Betrieb. Sie bezweckt, die durch das obenerwähnte Kratzband an einem Punkte der Rätterhalle vereinigte Grieskohle den Vorratsbehältern der Abnehmer — fiskalische Kokerei und Gebrüder Stumm-Neunkirchen — zuzuführen. Die Einrichtung (Tafel 2) ist so vorgesehen, daß die Grieskohle am östlichen Ende der Rätterhalle durch ein Becherwerk gehoben, von diesem auf ein schräg ansteigendes, die Bahngleise überschreitendes Förderband aufgegeben und einer vor den Füllrümpfen errichteten Bühne zugeführt wird. Hier wird die Kohle in Wagen, System Hunt, gefüllt, welche auf schiefen Ebenen über den Füllrümpfen entlang rollen und sich an jeder Stelle selbsttätig entleeren. Die beladenen Wagen nehmen auf ihrem Wege bis zur Entladestelle ein Querjoch mit anhängendem Gegengewicht mit und kehren durch die Wirkung des letzteren nach ihrer Entleerung von selbst zur Ladestelle zurück. Das Band erhält ein Ansteigen von 14° bei einer Gesamtbaulänge von 67 m, von Mitte zu Mitte Umführung gerechnet. Die Breite beträgt 1 m, die Länge der Glieder 500 mm, die vorgesehene Geschwindigkeit 0,2 m i. d. Sekunde. Die Tragfläche besteht aus Stahlblechplatten mit aufgebörtelten Rändern. Das ganze Band läuft in Rollen auf Schienen, welche an einem als Brücke ausgebildeten Eisengitterwerk befestigt sind. Der Antrieb erfolgt elektrisch von einem auf der oberen Bühne aufgestellten Motor aus durch Riemen und doppeltes Vorgelege. Der berechnete Kraftverbrauch beträgt 30 PS. Die Anlage wird von der Firma J. Pohlig in Köln gebaut.

Die ganze Anlage ist für eine stündliche Leistung von 120 t Gries eingerichtet. Sie erfordert nach sorgfältig aufgestellten Berechnungen 20000 M. Betriebskosten im Jahr, während die Beförderung der Grieskohle auf die Füllrümpfe der Abnehmer mit den bisher vorhandenen Einrichtungen 96 000 M. jährlich an Löhnen, Dampfkosten und Unterhaltung kosten würde. Bei der Annahme einer arbeitstäglichen Griesförderung von 1200 t, wie sie von der Fördereinrichtung nach Fertigstellung einer geplanten neuen Kokskohlenwäsche für die Koksanlage der Grube Heinitz zu leisten sein wird, ergeben sich ohne Berücksichtigung der Tilgung 5,7 Pf. Kosten je Tonne, gegenüber 26,8 Pf. bei Beibehaltung der jetzigen Fördereinrichtungen. Die Zahl der durch die Anlage zu ersparenden Leute wird zu 50 angegeben.

Eine andere Transportanlage für Grieskohle, welche mit einer Einrichtung zum Lagern der Kohle verbunden ist, besteht auf Grube Dudweiler. Daselbst wird die von den Schwingsieben kommende III. Sorte dem östlichen Ende der Rätterhalle mittels eines Förderbandes zugeführt und gelangt auf die auf Fig. 15 dargestellte, ebenfalls von der Firma J. Pohlig in Köln gebaute Huntsche Förderanlage. Die Kohle fällt zunächst

auf den Füller M und wird von ihm in gleichmäßigen Mengen auf die aus
91 Bechern bestehende Becherkette von 63,7 m Länge aufgegeben, welche
sich mit 0,21 m Geschwindigkeit in der Sekunde in der aus der Figur ersichtlichen Weise um den Vorratsbehälter A herumbewegt. Die Becher
können über dem Behälter an jeder beliebigen Stelle entleert werden,
indem sie an ausrückbare und leicht zu verstellende Knaggen anschlagen,

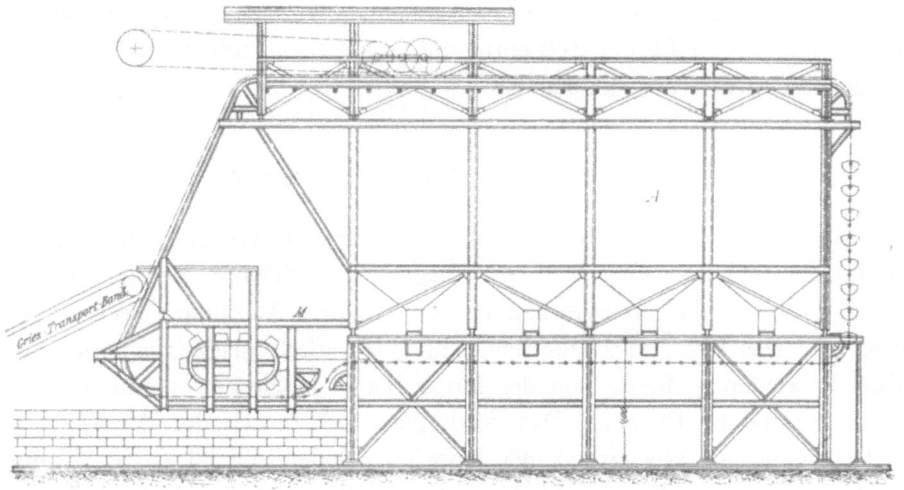

Fig. 15.

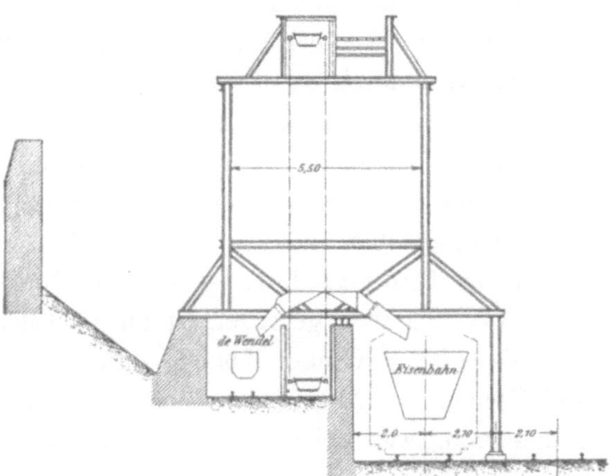

Fig. 16.

wobei sie umkippen. Die Leistung der Becherkette kann bis zu 110 t in
der Stunde gesteigert werden; der Fassungsraum des Behälters beträgt
600 t, sodaß fast $^2/_5$ der ganzen, zurzeit rund 1600 t betragenden Tagesförderung an Gries sich in ihm aufspeichern läßt. Die Entnahmestellen
liegen, wie Fig. 16 zeigt, auf zwei Seiten des Behälters; die eine dient zur

Versorgung der bei der Grube gelegenen Koksanstalt der Firma de Wendel, aus der anderen kann unmittelbar in den Bahnwagen verladen werden. Der Antrieb erfolgt von der 45 pferdigen Antriebsmaschine der Rätteranlage aus und erfordert etwa 24 PS.

Eine ähnliche Anlage ist auf derselben Grube zur Lagerung der im Rätterbetrieb fallenden Grobkornkohle (35—80 mm) vorhanden, welche insofern als Ausgleich bei etwaigen Störungen in der Kohlenwäsche dienen kann, als sie bis zu 300 t Kohle aufzunehmen vermag. Die Anordnung ist im Jahrgang 1901 der Zeitschrift für das Berg-, Hütten- und Salinenwesen beschrieben und abgebildet.

c) Die Anordnung der Rätteranlagen.

Die Mehrzahl der Rätteranlagen des Saarreviers sind als Querverladeanlagen gebaut, weil die Lage der Schächte zu den Bahnanschlüssen und die Bodenverhältnisse eine andere Anordnung meist nicht zuließen. Das Bild einer gewöhnlichen Querverladeanlage zeigt die auf Tafel 3 wiedergegebene, von der Firma Baum in Herne erbaute Rätteranlage der Grube Dechen. Das Fördergut wird mittels der Wipper a, b und c auf je ein Schwingsieb mit doppeltem Boden von 80 bezw. 35 mm Lochung gestürzt. Die Stückkohle gelangt über die als Lesebänder ausgebildeten Verladebänder d, e und f von je 10,5 m Länge in die Bahnwagen. Die abgesiebte Grobkornkohle zwischen 80 und 35 mm geht mittels Förderbandes B zu dem Sammelrumpf d und von dort zur Kohlenwäsche. Die Grieskohle wird durch das Band A den an einem Ende der Rätteranlage errichteten Griesvorratstürmen L und M zugeführt.

Der Wipper g mit anschließendem Verladeband dient zur Verladung von Förderkohle; das Band kann jedoch auch zur Verladung von Grieskohle in Bahnwagen verwendet werden.

Eine Rätteranlage mit Längsverladung, die das Durchschieben der Bahnwagen unter der Verladebühne gestattet, ist die in Tafel 4 Fig. 1 u. 2 dargestellte Verladeanlage der Grube König, welche von der Firma Schüchtermann und Cremer in Dortmund erbaut ist. Die dargestellten Kohlensorten sind dieselben, wie bei der Dechener Anlage. Das Nähere ergibt die Zeichnung.

Bei dieser Anlage ist die Möglichkeit gegeben, bei Mangel an Absatz in gewaschener Grobkornkohle diese ungewaschen zu den Stückkohlen gelangen zu lassen. Zu diesem Zwecke sind 2 besondere Verladebänder vorhanden, von denen die Würfel durch eine besondere Rutsche den im Nachbargleise stehenden Stückkohlenwagen zugeführt werden können.

Eine Anlage mit Längsverladung, die als Doppelanlage ausgebildet ist, zeigt die in Fig. 1—4 Tafel 5 wiedergegebene Rätterhalle der Grube

Altenwald. Die Aufstellung der Kreiselwipper gestattet, mit demselben Verladeband sowohl Stückkohle, als auch Förderkohle zu verladen, indem letztere durch einen besonderen Wipper auf den unteren Teil des Rätters und dadurch auf das Verladeband aufgegeben werden kann (Fig. 4). Die Grieskohle kann sowohl in Förderwagen abgezogen werden wie auch unmittelbar durch Rutschen in die Bahnwagen gelangen.

Die Leistungen der einzelnen Rätteranlagen entsprechen der ihnen zugewiesenen Förderung. Im allgemeinen sind auf einen Wipper mit zugehöriger Siebeinrichtung und Verladeband nicht mehr als 60 t Aufgabegut in der Stunde zu rechnen. Vielfach bedingt jedoch die stärkere Förderleistung der Gruben in bestimmten Tagesstunden auch eine erhöhte Leistungsfähigkeit der Verladeeinrichtungen, sodaß Leistungen bis zu 100 t in der Stunde für 1 Verladesystem nicht zu den Seltenheiten gehören. Die höchste Leistung in der Gesamtverladung weist Grube Heinitz auf, die auf 4 Wippern in 16 Stunden durchschnittlich 3000 t täglich verarbeitet. Ihr folgen die Gruben Dudweiler mit 2800 t, Viktoria mit 2100 t, Maybach und Altenvald mit 2000 t durchschnittlicher täglicher Verlademenge. (Vergl. auch die Tabelle Anlage I.)

Die Kosten des Verladebetriebs sind naturgemäß nach der Menge der geförderten Kohle und der abgerätterten Sorten, sowie dem Umfang des Ersatzes von Menschenkräften durch maschinelle Vorrichtungen verschieden. Im allgemeinen erfolgt die Arbeit des eigentlichen Abladens im Gedinge, während die sonstigen Arbeiten, wie Ausklauben der Berge, Warten der Maschinen und Transmissionen, Vorschieben der Bahnwagen und Aufsicht im Schichtlohn bezahlt werden. Die für das Abladen bezahlten Gedingesätze schwanken zwischen 2,5 und 8 Pfennigen für die Tonne geförderter Kohle. Vereinzelt erfolgt auch das Ausklauben der Berge im Gedinge, wie beispielsweise auf Albert-Schacht der Grube Serlo, wo für eine Tonne ausgelesener Schiefer 2,40 M. bezahlt werden.

Die Gesamtkosten an Löhnen im Rätterbetriebe sind für die Anlage Dechen für einen Monat ermittelt worden und betrugen:

für die Ablader	1 772,37 M.
„ Auslesen der Berge	1 173,60 „
„ Aufladen und Fortschaffen der Klaubeberge	182,75 „
„ Warten der Rättermaschinen und der Transmissionen	617,55 „
„ Vorschieben der Bahnwagen	536,20 „
„ Aufseher	504,00 „
„ Wiegemeister	516,10 „
„ sonstige Löhne	281,60 „
in Summe	5 584,17 M.

Die bei diesen Löhnen geleistete Förderung betrug rd. 40 000 t, sodaß sich für 1 t Förderung rund 14 Pfennig an Verladelöhnen ergeben. Die schätzungsweise ermittelten Material- und Dampfkosten betrugen 377,29 M., für 1 t Förderung demnach 1 Pf., sodaß sich die Gesamtverladekosten auf 0,15 M. je 1 t stellen.

Für die Schiffsverladung auf der Kanalhalde zu Louisenthal sind 2 Baumsche Rätter und 2 Lesebänder von je 15,4 m Länge vorhanden, mit denen I. und II. Sorte für den Wasserabsatz hergestellt werden, während die III. Sorte zum Albert-Schacht geht und dort der Kohlenwäsche zugeführt wird.

Die Schiffsverladung geschah bis vor kurzem ausschließlich und geschieht jetzt noch teilweise auf Böcken, welche in die Saar hineingebaut sind. Diese tragen eiserne Rutschen, in welche die für die Schiffsverladung besonders gebauten Förderwagen durch Kopfwipper entleert werden. Die Schiffe müssen hierbei während der Verladung verschoben werden. Neuerdings ist die Verladung in folgender Weise eingerichtet: Eiserne Füllgefäße von genau 350 kg Eigengewicht und 1,2—1,5 t Fassungsvermögen werden an den Austragerutschen der Lesebänder gefüllt und über Schencksche Wagen mit Abstellvorrichtung geschoben. Letztere verwiegen und rechnen die Nettogewichte selbsttätig auf. Die Füllgefäße werden dann von 3 elektrischen Dreimotoren-Drehkranen von 1800 bezw. 2600 kg Tragkraft, 7 m Ausladung, 5,9 m Rollenhöhe und 11 m Hubhöhe aufgenommen, nach der Verladestelle gefahren und nach Ablassen in die Schiffe selbsttätig entleert. Die größte Leistung betrug bis jetzt etwa 75 t in der Stunde mit einem Kran. Die Schiffe bleiben an der senkrechten Ufermauer beim Beladen fest liegen. Zur Ausgleichung des Kraftbedarfs der Krane dient eine Pufferbatterie von 56 Zellen. Die angewendete Spannung ist 120 Volt Gleichstrom.

II. Die Kohlenwäschen.

1. Die Entwickelung des Wäschebetriebs in den letzten 30 Jahren.

Bis in die achtziger Jahre des vorigen Jahrhunderts waren die im Saarrevier vorhandenen Wäschen lediglich Kokskohlenwäschen, welche die III. Sorte der Fettkohlengruben für den Kokereibetrieb aufbereiteten. Die ältesten zurzeit im Saarrevier bestehenden Wäscheanlagen dienen daher ausschließlich der Aufbereitung von Kokskohle. Es sind dies die Wäschen der de Wendelschen Anlagen zu Grube Dudweiler, welche durch eine im Jahre 1904 in Betrieb kommende neue Wäsche ersetzt werden soll, und die beiden Kohlenwäschen der Heinitzer Kokereianlage, deren eine — die südliche — aus dem Jahre 1884, die andere — auf der vom Fiskus im Jahre 1903 erworbenen Anlage der Montangesellschaft Lothringen-Saar gelegen — aus noch älterer Zeit stammt. Die letztere Anlage ist insofern bemerkenswert, als sie das gesamte Waschgut ohne Klassierung aufbereitet, also nach dem neuerdings durch die Maschinenfabrik Baum in Herne wieder aufgenommenen Verfahren des Waschens ohne vorheriges Absieben arbeitet. Beide Wäschen sollen demnächst durch eine Gesamtwäsche ersetzt werden.

Die meisten übrigen Kokskohlenwäschen des Saargebiets stammen aus der jüngsten Zeit und sind nach den neuesten Erfahrungen der Aufbereitungstechnik eingerichtet. Die bemerkenswertesten sind die neue Wäsche der Burbacher Hütte mit 80 t, die des Neunkircher Eisenwerks mit 60 t und die der Kokerei der Gebr. Röchling zu Völklingen mit 65 t stündlicher Leistung. Auf den Kokereianlagen zu Burbach und Neunkirchen hat man die älteren Wäscheanlagen neben den neuen bestehen lassen, um eine Reserve für den Fall größerer Betriebsstörungen zu haben. Kokskohlenwäschen waren 1903 im Saarbezirk 11 vorhanden, wovon 9 auf den Privatkokereien, 2 auf der fiskalischen Koksanlage zu Heinitz standen.

Während die Kokskohlenwäschen, durch die Betriebsverhältnisse der Kokereien bedingt, verhältnismäßig früh zur Entwickelung kamen, verging geraume Zeit, ehe auch die Flammkohlengruben zur nassen Aufbereitung übergingen, und es war hauptsächlich der Wettbewerb der Nachbargebiete bezw. Mangel an Absatz, welche mit Beginn der achtziger Jahre des vorigen Jahrhunderts zum Bau von Flammenkohlenwäschen drängten. Die erste dieser Anlagen war die im Jahre 1887 in Betrieb genommene Wäsche der Grube Von der Heydt, deren Einrichtungen von der Firma Schüchtermann & Cremer in Dortmund geliefert sind. Ihr folgte 1890 die von der Maschinenfabrik Baum in Herne i. W. gebaute Gesamtwäsche beim Albertschacht der Grube Serlo, woran sich sodann die Flammkohlenwäschen von Reden, Itzenplitz, Friedrichsthal und in jüngster Zeit die der Gruben Göttelborn und Kohlwald (letztere befindet sich noch im Bau) anreihten.

Der Kohlenabsatz in den Wettbewerbsgebieten erforderte aber auch bald bei den nicht zum Kokereibetrieb verwendeten Fettkohlen bessere Handelsware, sodaß die Gruben auch bei diesen zur nassen Aufbereitung übergehen mußten. Da die im Rätterbetrieb fallende Grieskohle nach wie vor als Rohgries an die Privatkokereien des Saargebietes abgesetzt wurde, die sämtlich mit eigenen Wäschen ausgerüstet sind, so hatte sich die Wascharbeit bei den Fettkohlen nur auf das aus der I. Sorte ausgerätterte Gut von 80—35 mm Korn zu erstrecken, indem aus diesem in Grobkornwäschen Würfel und Nüsse hergestellt wurden. Die erste derartige

Wäsche erhielt die Grube Brefeld, ihr folgten Dudweiler, Maybach in den Jahren 1893—96, während in der neuesten Zeit (1900—1903) noch die Gruben König, Heinitz und Dechen mit Grobkornwäschen ausgerüstet worden sind. Die einzige Vollwäsche für Fettkohle besitzt Grube Sulzbach, da diese nur geringe Mengen Rohgries an die Saarkokereien absetzt. Mit Fertigstellung einer Grobkornwäsche für Grube Altenwald und Camphausen, welche für dieses bezw. das nächste Jahr bevorsteht, wird allen größeren Schachtanlagen des Bezirks eine Kohlenwäsche zur Verfügung stehen, da auch die einzige größere Magerkohlengrube des Bezirks, die Grube Schwalbach, seit dem Jahre 1900 eine Kohlenwäsche zur Aufbereitung des im Rätterbetriebe dieser Gruhe fallenden Grobkorns besitzt.

Eine Zusammenstellung aller Ende 1903 in Betrieb bezw. zur Reserve stehenden Kohlenwäschen ist in Anlage II und III gegeben.

2. Allgemeines über den Wäschebetrieb im Saargebiet.

Entsprechend dieser geschichtlichen Entwickelung lassen sich die Kohlenwäschen des Saarreviers am zweckmäßigsten nach der Art des verarbeiteten Rohgutes in Kokskohlenwäschen, Flammkohlenwäschen und Grobkornwäschen unterscheiden. Die Kokskohlenwäschen verarbeiten allgemein nur die im Rätterbetriebe erfallende III. Sorte mit einer Körnung von 0—35 mm, während die Grobkornwäschen nur das aus dem Fördergut abgesiebte Korn 35—80 mm erhalten. Diese Trennung des Wäschebetriebs für Grobkornkohle und Gries ist auch auf der mit einer Kokerei ausgerüsteten Grube Heinitz durchgeführt. Der Grund hierfür ist lediglich in der geschichtlichen Entwickelung zu suchen, indem auch hier an die Aufbereitung der Grieskohle infolge des mit der Grube verbundenen Kokereibetriebes schon früher herangegangen wurde, während das Waschen des Grobkorns erst eine Errungenschaft der neueren Zeit ist. Handelsprodukte werden in den Kokskohlenwäschen — mit Ausnahme geringer Mengen bei Grube Heinitz — nicht dargestellt, das ganze Korn 0—35 mm gelangt vielmehr zur Verkokung.

Die Flammkohlenwäschen arbeiten lediglich auf Handelsware, und nur kleinere Mengen der geringeren Kohlensorten werden im eigenen Betriebe zur Dampfkesselfeuerung verwendet.

Ihren verschiedenen Zwecken entsprechend, unterscheidet sich bei den genannten Arten von Kohlenwäschen des Saarbezirks die Anordnung im allgemeinen. Bei den Kokskohlenwäschen fehlen die Verladetaschen für die verschiedenen Waschprodukte, die gesamte gewaschene Kohle fließt vielmehr von den Aufbereitungsapparaten unmittelbar in einen gemeinsamen Kohlensumpf, aus dem sie auf die Schleudermühlen gelangt. Zur Lagerung und Abtrocknung der Kokskohle sind meist entsprechend große Vorratstürme vorhanden. Die Wasserklärung vollzieht sich einfach, weil der gemeinsame Kohlensumpf gleichzeitig als Klärsumpf dient und dadurch schon ein wesentlicher Teil der Schlämme den Waschwassern entzogen wird.

Die Flammkohlenwäschen sind mit Verladetaschen für die verschiedenen Waschkohlensorten ausgerüstet und bedürfen umfangreicher Vorrichtungen zur Gewinnung der Schlammkohle und Klärung der Waschwasser.

Die Grobkornkohlenwäschen stellen lediglich grobe Nußsorten dar, ihre Einrichtungen sind daher infolge des Wegfalls der Feinkohlen- und Schlammaufbereitung einfachster Art, ihre Leistungen entsprechend groß.

Eine besondere Stellung nehmen die Wäschen der Gruben Brefeld und Sulzbach ein. Erstere war ursprünglich als Grobkornwäsche gebaut, doch erforderte die geringe Güte der Grieskohle dieser Grube bald ein teilweises Aufbereiten derselben, zumal durch unzureichende Rättereinrichtungen eine nicht unbedeutende Menge von Feinkohle mit zur Grobkornkohle gelangte und daher mit dieser verwaschen werden mußte. Die Wäsche der Grube Sulzbach ist aus dem schon oben angegebenen Grunde als Vollwäsche für Fettkohlen ausgebildet.

Da die Mehrheit der Kohlenaufbereitungsapparate allen Wäschen gemeinsam ist, so dürfte vor genauerer Besprechung der einzelnen Arten von Kohlenwäschen eine Übersicht über die zur Kohlenaufbereitung im Saarrevier gebräuchlichen Einrichtungen und Apparate am Platze sein. Hierzu gehören:

a) die Einrichtungen zur Lagerung und Beförderung der Rohkohle,
b) die Klassierapparate,
c) die Setzmaschinen,
d) die Schlammaufbereitungsapparate,
e) die Einrichtungen zur Wasserklärung,
f) die Lagerung der gewaschenen Kohlen und die Verladeeinrichtungen,
g) die Abtrocknung und Aufbewahrung der Kokskohle,
h) der Bergeaustrag und die Nachwäschen,
i) die Antriebsmaschinen und die Pumpen,
k) die Hilfseinrichtungen der Kohlenwäschen.

3. Einrichtungen und Apparate der Kohlenwäschen.

a) Lagerung und Beförderung des Waschgutes.

Zur Sicherung eines gleichmäßigen, von Stockungen oder kürzeren Stillständen der Grubenförderung unabhängigen Betriebes sind bei sämtlichen Wäschen Vorratsräume vorgesehen, in denen die vom Rätterbetriebe kommende, zur nassen Aufbereitung bestimmte Rohkohle zunächst gelagert und aus welchen sie der Kohlenwäsche nach Bedarf zugeführt wird. Da, wo die Kohlenwäsche sich unmittelbar bei der Separationsanlage befindet, sind solche Vorratsräume unter oder neben der Rätterhalle angeordnet; das zu verwaschende Gut fällt entweder unmittelbar von den Sieben in die Vorratsgrube oder es wird durch besondere wagerecht fördernde Einrichtungen einem Sammelpunkte zugeführt. Erfährt das Waschgut einen weiteren Transport, mit welchem dann meist auch eine Hebung verbunden ist, so geschieht dieser je nach den örtlichen Verhältnissen in Gruben- oder besonders gebauten Förderwagen vermittelst eines Aufzuges oder auf einer schiefen Ebene.

Diejenigen Wäschen, welche wegen größerer Entfernung von den Gruben ihre Kohle ganz oder zum Teil mit der Eisenbahn beziehen — dies ist bei den meisten Kohlenwäschen der Hüttenwerke des Saarbezirks der Fall —, haben größere Vorratsgruben unter den Bahngleisen angelegt, in welche sich die eigens für die Griesbeförderung gebauten Trichter- (OT-) wagen der Eisenbahn leicht entleeren lassen. Auch die Zuführung der Rohkohle mittels Drahtseilbahnen zu den entfernter liegenden Kohlenwäschen steht in Anwendung. So bezieht beispielsweise die Firma Gebrüder Stumm in Neunkirchen mittels zweier Drahtseilbahnen nahezu ihren ganzen Bedarf an Rohgries von etwa 1000 t täglich von den Gruben Heinitz, Dechen und König. Die genannte Firma besitzt zur Lagerung entsprechender Mengen Grieskohle nicht nur bei ihren Kohlenwäschen große Vorratsräume, sondern auch an den Beladepunkten auf den einzelnen Gruben sind ausreichend bemessene Räume zur Lagerung von Kohle vorhanden, sodaß empfindlichen Stockungen im Wäsche- und Kokereibetriebe in weitem Maße vorgebeugt ist.

Für die Zuführung der Grieskohle von den Gruben an die Hütten-werke bezw. Kokereien, sind in neuester Zeit mit großem Erfolg auch die amerikanischen Mustern nachgebildeten Becherketten in Anwendung gekommen. Eine solche Anlage besitzt die Kokerei Altenwald der Röchlingschen Eisen- und Stahlwerke, welche mit einer stündlichen Leistung von 150 t den von der Grube Altenwald abgegebenen Gries bei einer Länge von 105 m auf 29 m Höhe in die Vorratsbehälter der Kokerei hebt. Der Kraftverbrauch dieser Anlage wird auf 20 PS angegeben, der Antrieb erfolgt elektrisch.

Die Art und Weise der Entleerung der Vorratsräume richtet sich danach, wie die Beförderung der Kohlen nach der Wäsche erfolgt. Liegt die Kohlenwäsche unmittelbar bei der Rätterhalle, so wird das Waschgut mittels einer oder mehrerer Becherwerke der Wäsche zugehoben. Dieselbe Beförderungsart findet auch dort statt, wo die Behälter für Rohkohle in gleicher Höhe oder tiefer als die Wäsche liegen. Liegen die Vorratsbehälter höher, als die Aufgabestelle der Kohlenwäschen, so wird das Rohgut entweder von Förder- oder Kratzbändern, die unter den Behältern herlaufen und die an verschiedenen Stellen bedient werden können, der Wäsche zugeführt, oder die Überführung erfolgt in besonderen Wagen, welche aus den trichterförmigen, mittels Schieber zu öffnenden Abteilungen der Vorratstürme gefüllt und von Hand oder durch maschinelle Förderung nach der Kohlenwäsche gebracht werden.

Die Kohlenentnahme aus den Vorratstürmen mittels Huntscher Anlage bei Grube Dudweiler ist bereits oben S. 25 erwähnt.

b) Die Klassierapparate.

Die Auswahl der darzustellenden Kornsorten, der früher besondere Aufmerksamkeit beim Entwurf von Kohlenwäschen geschenkt wurde, hat sich dadurch wesentlich vereinfacht, daß zur Erleichterung des Absatzes seit dem Jahre 1896 sog. Normalkörnungen für den ganzen Bezirk, soweit es sich um staatliche Anlagen handelte, vorgeschrieben wurden. Es sind dies:

2—15 mm	15—35 mm	35—50 mm	50—80 mm
Nußgries	Nuß II	Nuß I	Würfel.

Dabei wird das Korn 2—15 mm vielfach zum Zwecke besserer Aufbereitung im Wäschebetrieb nochmals getrennt, die gewaschene Kohle nachher aber wieder vereinigt. Die angegebenen Körnungen finden sich auch vorwiegend in den lediglich zum Kokereibetriebe vorhandenen Wäschen, da sie sich als zweckmäßig erwiesen haben, wie man überhaupt neuerdings bestrebt ist, die Zahl der verschiedenen Kornsorten im Wäschebetrieb möglichst gering zu machen.

Die untere Grenze für das Absieben wird durch die Rücksicht auf die Erzielung gut verkäuflicher Produkte bestimmt. Allgemein besteht bei den Flammkohlenwäschen die Neigung, dem Nußgries nicht zu viel Staub- bzw. Schlammkohle zuzuführen, da diese infolge ihres hohen Aschengehalts die Güte des Waschprodukts verschlechtert. Die Feinkohle wird daher auch gerade bei diesen Wäschen vielfach trocken abgesiebt, wodurch außerdem die Bildung übermäßiger Schlammwasser im Waschbetrieb vermieden wird. Die Grenze des Trockenabsiebens ist beispielsweise bei Friedrichsthal bei 1,3 mm, bei Reden und Itzenplitz bei 4 mm gewählt. Allerdings erfallen hierdurch nicht unbeträchtliche Mengen feiner Kohle, die sich wegen ihres hohen Aschengehalts meist nicht anders, als im eigenen Betrieb, verwenden lassen.

Für das Absieben der verschiedenen Korngrößen werden teils Flachsiebe (System Laue), teils Trommeln verwendet. Erstere sind in den neueren Wäschen der Firma Schüchtermann & Cremer stets vorzufinden, während die Firma Baum die von Anfang an gebräuchlichen Trommeln beibehalten hat. Welchem der beiden Apparate der Vorzug zu geben ist, läßt sich schwer sagen. Den Flachsieben wird ein starkes Zerreiben der aufgegebenen Kohle nachgesagt, andere wollen diesen Nachteil gerade bei der Trommelabsiebung gefunden haben. Auch bezüglich der Genauigkeit des Absiebens für die Herstellung der einzelnen Kornsorten dürfte kaum einem System — soweit wenigstens Saarbrücker Kohle in Frage kommt — der Vorzug zu geben sein.

Die Reihenfolge des Absiebens erfolgt bei den Tafelsieben im allgemeinen vom kleinsten zum größten Korn, sodaß auf einem Sieb durch

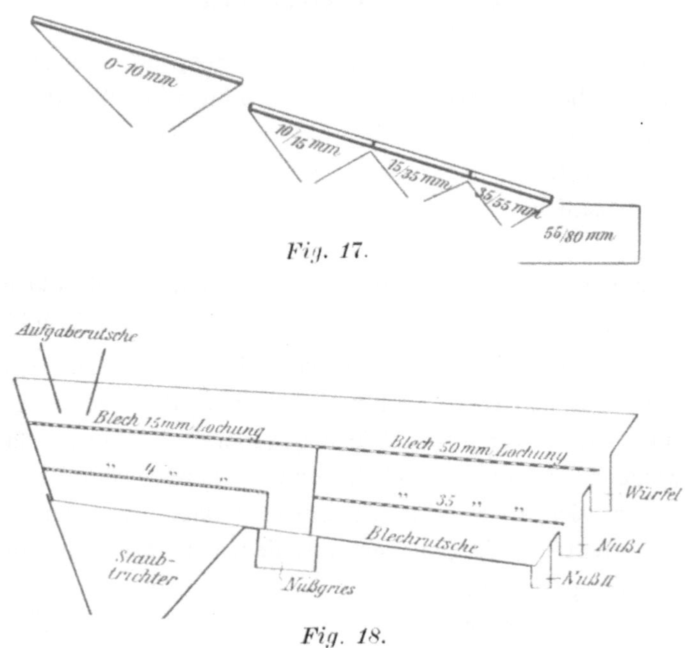

Fig. 17.

Fig. 18.

Auflegen von Blechen verschiedener Lochung immer mehrere Sorten zugleich hergestellt werden können. Lassen sich die erforderlichen Siebflächen nicht auf einem Sieb unterbringen, so entsteht die Anordnung zweier Siebe, wie sie in Fig. 17 schematisch dargestellt ist. Eine zweckmäßige Anordnung der Siebflächen läßt sich auch durch Siebe mit doppeltem Boden erzielen, wie das in Fig. 18 wiedergegebene Beispiel der Redener Wäsche zeigt.

Geschieht das Klassieren in Trommeln, welche bei Anwendung einer kegeligen Form ineinander angeordnet werden können, so erfolgt das Absieben vom gröbsten zum feinsten Korn, indem die innerste Trommel die größte Lochung, die äußerste die kleinste aufweist. Klassiertrommeln, bei denen zur Herstellung mehrerer Sorten verschieden gelochte Siebe vor einander liegen, sind wegen der geringeren Leistung und der größeren Baulänge kaum noch in Anwendung. In der Kokskohlenwäsche der südlichen Heinitzer Kokerei hat man die Reihenfolge der Klassierung so gewählt, daß durch eine Vortrommel mit einem äußeren Sieb von 8 mm und einem inneren Sieb von 14 mm Lochung zunächst 3 Kornsorten 0—8, 8—14 und 14—35 mm hergestellt und aus letzterem Korn erst die verschiedenen Nuß- bezw. Würfelsorten abgesiebt werden. Ein besonderer Vorzug dürfte dieser Anordnung jedoch kaum innewohnen.

Das von der Firma Baum in Herne in der jüngsten Zeit angewandte Verfahren, das Gut erst nach dem Waschen zu klassieren, ist bis jetzt nur auf der Wäsche der Grube Brefeld eingeführt und hat sich gut bewährt. Die Klassierung in die verschiedenen Korngrößen erfolgt dort durch einander umschließende kegelige Trommeln, wie sie von Baum jetzt allgemein gebaut werden (Fig. 19).

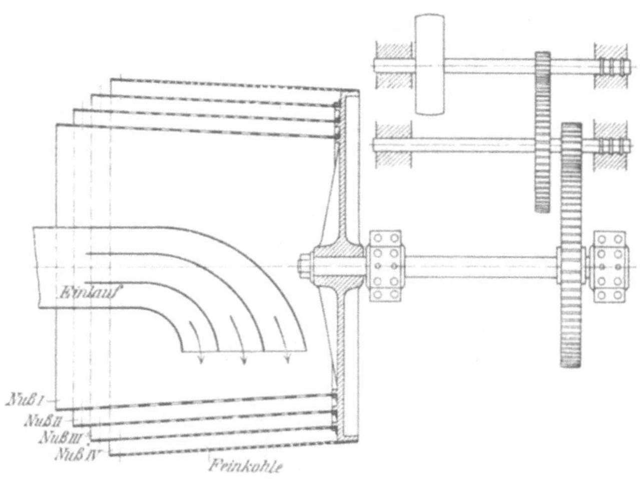

Fig. 19.

Hier dürfte auch nochmals Erwähnung finden, daß das Waschen der Kohle ohne vorherige Klassierung bei einzelnen Anlagen im Saarrevier schon seit mehr als 25 Jahren üblich gewesen ist, allerdings nur da, wo lediglich zur Herstellung von Kokskohle gewaschen wurde. Die damit erzielten Ergebnisse wurden stets als zufriedenstellend bezeichnet. Nachdem die in dieser Weise arbeitende Kohlenwäsche der de Wendelschen Kokerei in der Hirschbach durch eine neue ersetzt ist, bei der in der jetzt allgemein gebräuchlichen Weise klassiert wird, wäscht zurzeit nur noch die früher der Montangesellschaft Lothringen-Saar gehörige Wäsche der nördlichen Kokerei zu Heinitz nach dem alten System ohne jede Klassierung.

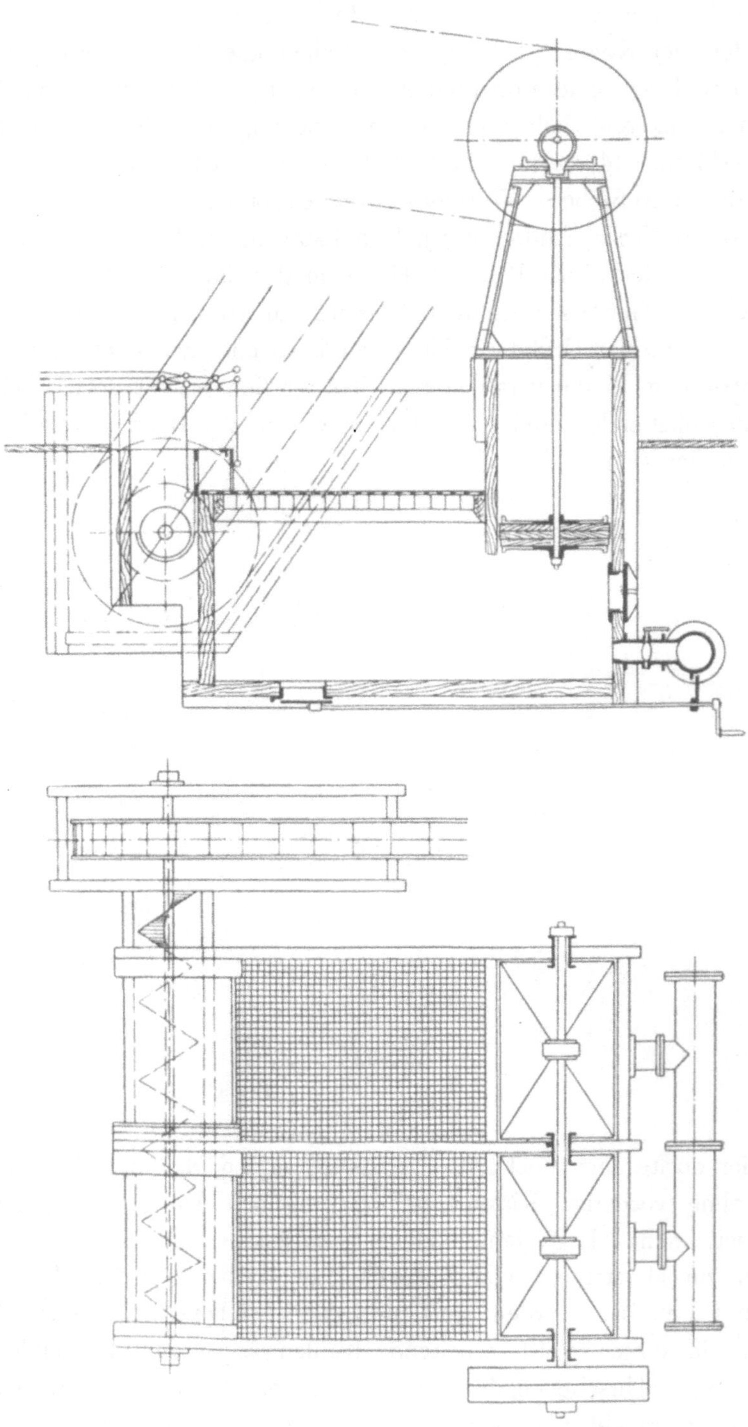

Fig. 20.

c) Die Setzmaschinen.

Die eigentliche Wascharbeit erfolgt durchweg in Setzmaschinen, die für die Körnungen von etwa 8 mm aufwärts als Grobkornsetzmaschinen, für die kleineren Sorten als Feinkornsetzmaschinen gebaut werden. Nur für die Verarbeitung der Schlämme stehen noch andere, später zu erwähnende Aufbereitungsapparate in Anwendung. Die allgemein gebräuchliche Art der Grobkornsetzmaschinen ist jetzt die mit ununterbrochenem Schieferaustrag, in der Anordnung, wie sie die Fig. 20 und 21 darstellen. Fig. 20 zeigt eine Setzmaschine der Firma Schüchtermann & Cremer aus der Kohlenwäsche zu Sulzbach, während Fig. 21 die von Baum gebaute Form wiedergibt, wie sie beispielsweise in der Grobkornwäsche der Grube Heinitz sich vorfindet. Unterschiede bestehen zwischen beiden

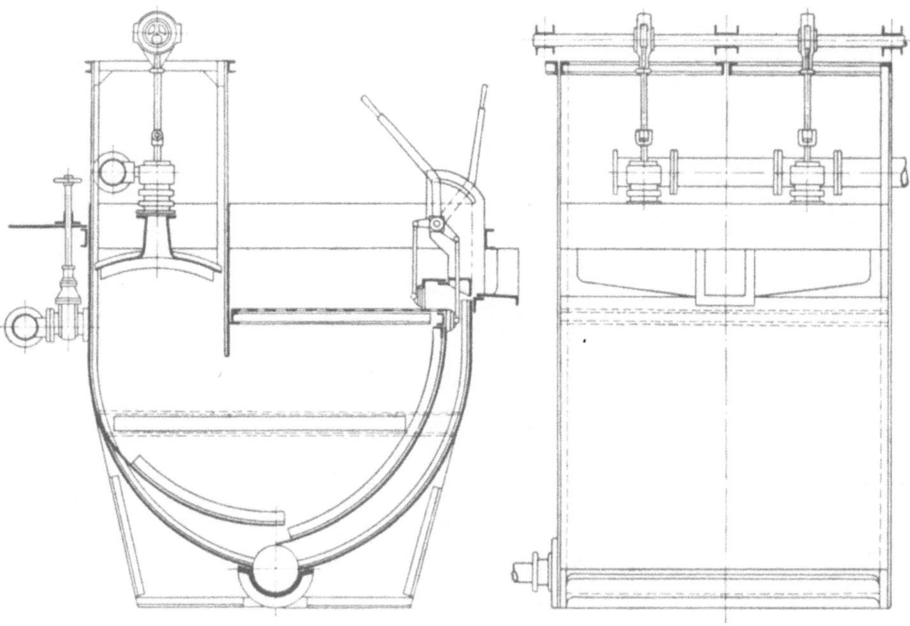

Fig. 21.

insofern, als Schüchtermann die Bewegung des Wassers mittels Kolben, der durch ein Exzenter auf- und abbewegt wird, bewirkt, während Baum hierzu nach einem ihm patentierten Verfahren Druckluft verwendet. Die Baumsche Druckluftsetzmaschine bietet die Möglichkeit, durch Erhöhen und Verringern der Luftspannung den Hub des Wassers beliebig während des Betriebes zu regeln, was für den Erfolg der Wascharbeit von Wichtigkeit sein kann. Ein weiterer Unterschied beider Maschinen besteht darin, daß Baum den Setzkasten ganz aus Eisen baut, während Schüchtermann den Trog des Kastens aus Pitch-pine-Holz herstellt. Ersteres gewährleistet längere Haltbarkeit, letzteres ist in der Anlage billiger.

Das Verhältnis der Kolbenfläche zur Setzfläche ist bei den meisten
Grobkornsetzmaschinen wie 1 : 2 gewählt, der Hub des Wassers wird je

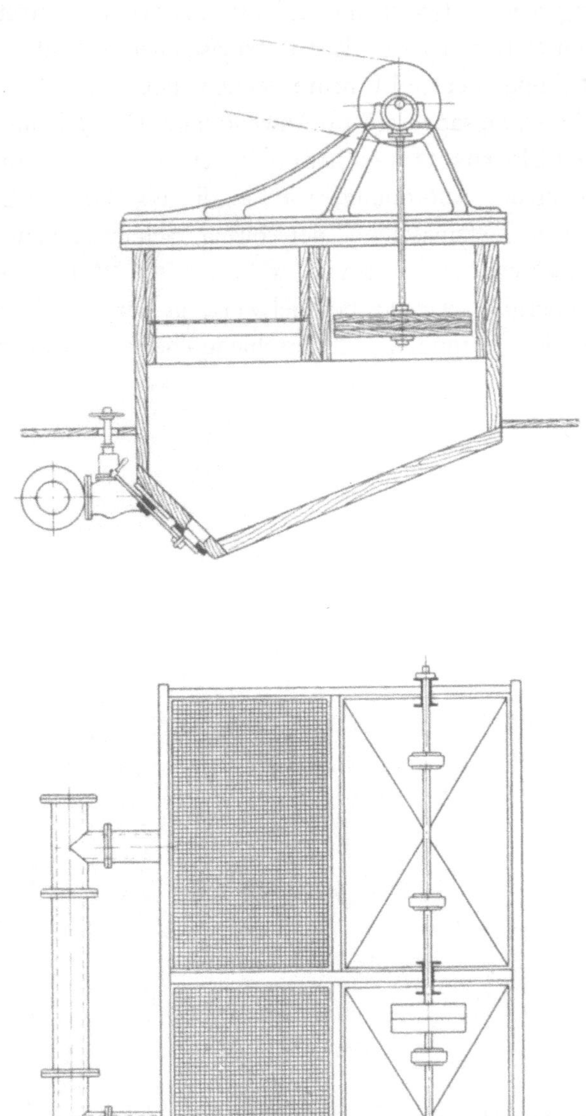

Fig. 22.

nach den durchzusetzenden Korngrößen von 100 mm bis 30 mm eingestellt. Die mögliche Leistung der einzelnen Grobkornsetzkästen wird in

den meisten Wäschen nicht erreicht, da man mit der Beanspruchung gern unter der zulässigen Grenze bleibt, um eine sorgfältige Wascharbeit zu erzielen. Immerhin sind Leistungen eines Setzkastens von 20 t in der Stunde keine Seltenheit. Als zulässige Beanspruchung kann eine Aufgabe des Waschgutes von etwa 5—6 t auf 1 qm Setzfläche in der Stunde gelten. Ein besonderes Setzbett wird neuerdings in der Regel nicht angewandt. Die Hubhöhe beträgt 12—25 cm, die Hubzahl 30—40 in der Minute.

Der Bergeaustrag, der ununterbrochen vor sich geht, ist durch Schieber einstellbar, sodaß je nach dem größeren oder geringeren Bergegehalt des Aufgabegutes mehr oder weniger Berge ausgetragen werden können. Die Weiterführung der ausgewaschenen Berge erfolgt durchgängig durch eine Förderschnecke, die am tiefsten Punkt des Setzkastens sich bewegt und die Berge nach einer Seite der Setzmaschine befördert, von wo sie dann durch ein kleines Becherwerk dem Bergesumpf zugehoben werden. Eine derartige Schnecke mit Becherwerk kann mehrere nebeneinander angeordnete Setzmaschinen gleichzeitig bedienen.

Die Feinkornsetzmaschinen verarbeiten die Körnungen von etwa 8 mm abwärts mit Ausnahme der Schlämme. Sie bestehen in den meisten Fällen aus zwei nebeneinander angeordneten Setzkästen, in welche die Aufgabe des Waschgutes von der Seite her erfolgt. Auch der Kohlenüberfall und Bergeaustrag sind seitlich angeordnet. In der von Schüchtermann gebauten Maschine (Fig. 22) wird durch ein Feldspatbett gesetzt, bei dem Baumschen System lagert die Feinkohle lediglich auf dem sich von selbst bildenden Schieferbett. Durch das besondere Feldspatbett soll eine genauere Wascharbeit erzielt werden. Die Leistung einer doppelten Feinkornsetzmaschine von 725 mm Breite und zweimal 1250 mm Länge wird auf 5—7 t in der Stunde angegeben. Während früher das Feinkorn 0—8 mm vor Aufgabe auf die Setzmaschinen verschiedentlich noch in ein größeres und feineres Gut getrennt wurde, findet in den neueren Wäschen eine Klassierung desselben nicht mehr statt, sondern man zieht es vor, eine größere Zahl von Setzkästen aufzustellen, in denen sämtlich das gleiche Waschgut aufgegeben wird.

Die Wasserbewegung in den Feinkornsetzmaschinen erfolgt auch bei Baum durch Kolben, die mittels Exzenterstangen von einer über den Setzkästen hergehenden Welle bewegt werden. Die Hubhöhen betragen 6—20 mm, je nach der Größe des zu waschenden Korns, die Hubzahlen bis zu 120 in der Minute. Die Berge gelangen bei den Feinkornsetzmaschinen durch das Setzsieb in den Trog, aus dem sie am tiefsten Punkt ununterbrochen abgezogen werden.

Die Anordnung von Doppelsieben bei Feinkornsetzmaschinen wird häufig dazu benutzt, ein Zwischenprodukt herzustellen, indem auf dem ersten Sieb reine Berge ausgeschieden, im zweiten dagegen ein Gemenge

von Bergen und Kohlen abgezogen wird, welches einer Nachwäsche
zugeht. Man erreicht hierdurch, daß die Kohlenverluste in den Berge-
abgängen auf ein möglichst geringes Maß herabgemindert werden. Der
Wascherfolg läßt sich nach dieser Richtung noch verbessern, wenn man
dem ersten Bett, welches nur reine Berge durchsetzt, ein feineres Feld-
spatkorn gibt als dem zweiten. So haben beispielsweise die Feldspatbetten
der Feinkornsetzmaschinen in der Sulzbacher Wäsche auf dem ersten Sieb
20—30 mm Körnung, auf dem zweiten 30—40 mm.

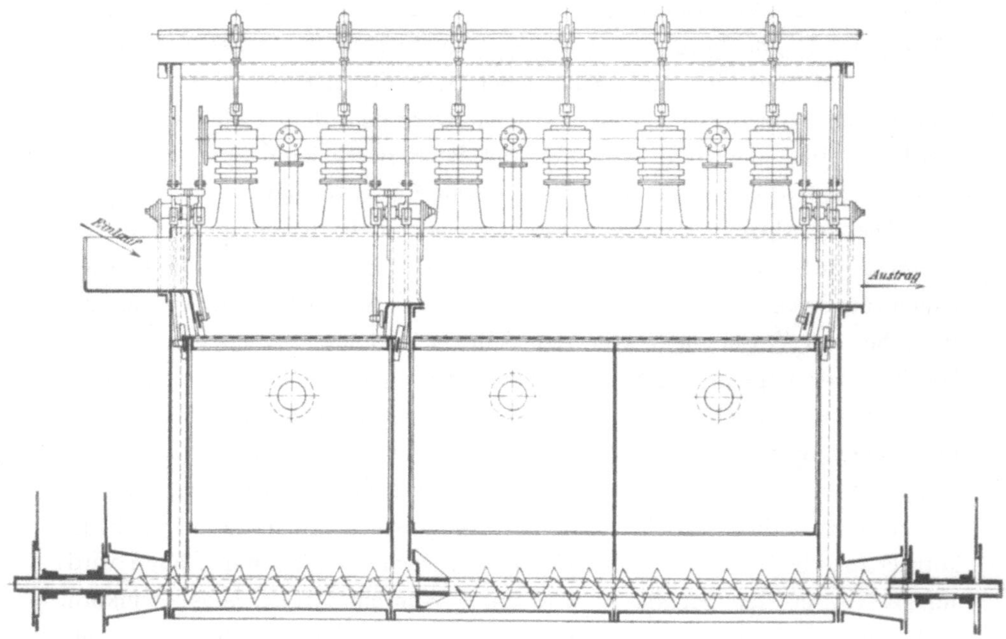

Fig. 23.

Die Setzmaschine, welche von Baum zu dem Waschverfahren ohne
vorheriges Klassieren auf Grube Brefeld verwendet ist (Fig. 23), unterscheidet sich von seiner gewöhnlichen Grobkornsetzmaschine einmal durch
die Größe der Setzfläche und sodann durch die Art des Bergaustrages.
Letzterer erfolgt in der Hauptsache am vorderen (in der Zeichnung linken)
Ende des Kastens, entgegengesetzt der Richtung des Aufgabegutes,
wodurch erreicht wird, daß der größte Teil der sich setzenden Berge
möglichst schnell dem Waschbetrieb entzogen wird, also nur kurze Zeit
mit dem Wasser in Berührung bleibt. Es wird hierdurch einer Auflösung
der tonigen Schiefer im Waschwasser wesentlich vorgebeugt.

d) Die Schlammaufbereitungsapparate.

Die Schlammaufbereitung, die dem Wäschebetrieb von jeher große Schwierigkeiten machte, hat in den letzten Jahren gerade im Saarrevier wesentliche Verbesserungen erfahren, die für die Aufbereitung der sehr aschenreichen Schlämme der Saarkohle von Bedeutung sind.

So lange es sich bei den Kohlenschlämmen um Fettkohlen handelte, war die Frage ihrer Aufbereitung nicht so dringend, insofern, als die Anordnung der Kokskohlenwäschen es gestattete, die Schlämme in angereichertem Zustande den Kohlensammelsümpfen zuzuführen, wodurch ein Vermischen der Schlämme mit der gewaschenen Kohle möglich war. Die in den Schlämmen enthaltene Kohle wurde auf diese Weise im Kokereibetriebe nutzbar gemacht, allerdings unter Vermehrung des Aschengehaltes des erzeugten Koks, da eine Aufbereitung der Schlämme nicht erfolgte. Mit Einführung des Wäschebetriebes auf den Flammkohlengruben trat die Frage der Schlammkohlenaufbereitung wieder stärker in den Vordergrund. Ein Versuch, die Schlammkohle mittels besonderer Apparate aufzubereiten, wurde in den achtziger Jahren auf Grube Heinitz und auf der Kokereianlage der Burbacher Hütte mit dem Artoisschen Apparat*) (D. R.-P. 3431 und 8874), der aus einer Vereinigung des Stoßherdes mit den sogenannten Stromapparaten bestand, gemacht; ein brauchbares Ergebnis ist jedoch nicht erzielt worden. Bei den Flammkohlenwäschen, die in den neunziger Jahren gebaut wurden, vermied man von vornherein die Bildung größerer Mengen von Kohlenschlamm durch trockenes Absieben des Waschgutes. Die abgeschiedene Staubkohle wurde entweder im eigenen Betriebe verwertet oder als wertlos auf die Halde gebracht.

Mit Erfolg wurde an die Schlammaufbereitung wieder herangetreten, als im Jahre 1895 das Köhl-Simonsche Sieb (D. R.-P. 61591) in Aufnahme kam. Die guten Ergebnisse dieses Apparates veranlaßten sehr bald eine Reihe von Werksverwaltungen zur Beschaffung desselben, so daß zurzeit etwa 25 Köhlsche Siebe im Saarrevier in Betrieb stehen. Eine größere Zahl besitzen die Burbacher Hütte, das Röchlingsche Eisenwerk, die Gesamtkohlenwäsche zu Louisenthal, sowie die Wäschen zu Reden, Heinitz (Kokerei Nord) und Sulzbach.

Der Apparat ist in Fig. 24 dargestellt. Seine Arbeitsweise ist die folgende:

Die Schlammtrübe wird durch eine Pumpe in die quer über den Sieben angeordnete Verteilungsrinne geführt und gelangt aus dieser auf die Siebe, welche mit einem engmaschigen Messingdrahtgewebe (65 Maschen auf 1 Zoll Länge) versehen sind. Vor der Verteilungsrinne sind quer über

---

*) Beschreibung bei Lambrecht, Die Kohlenaufbereitung, Leipzig 1881, Seite 66.

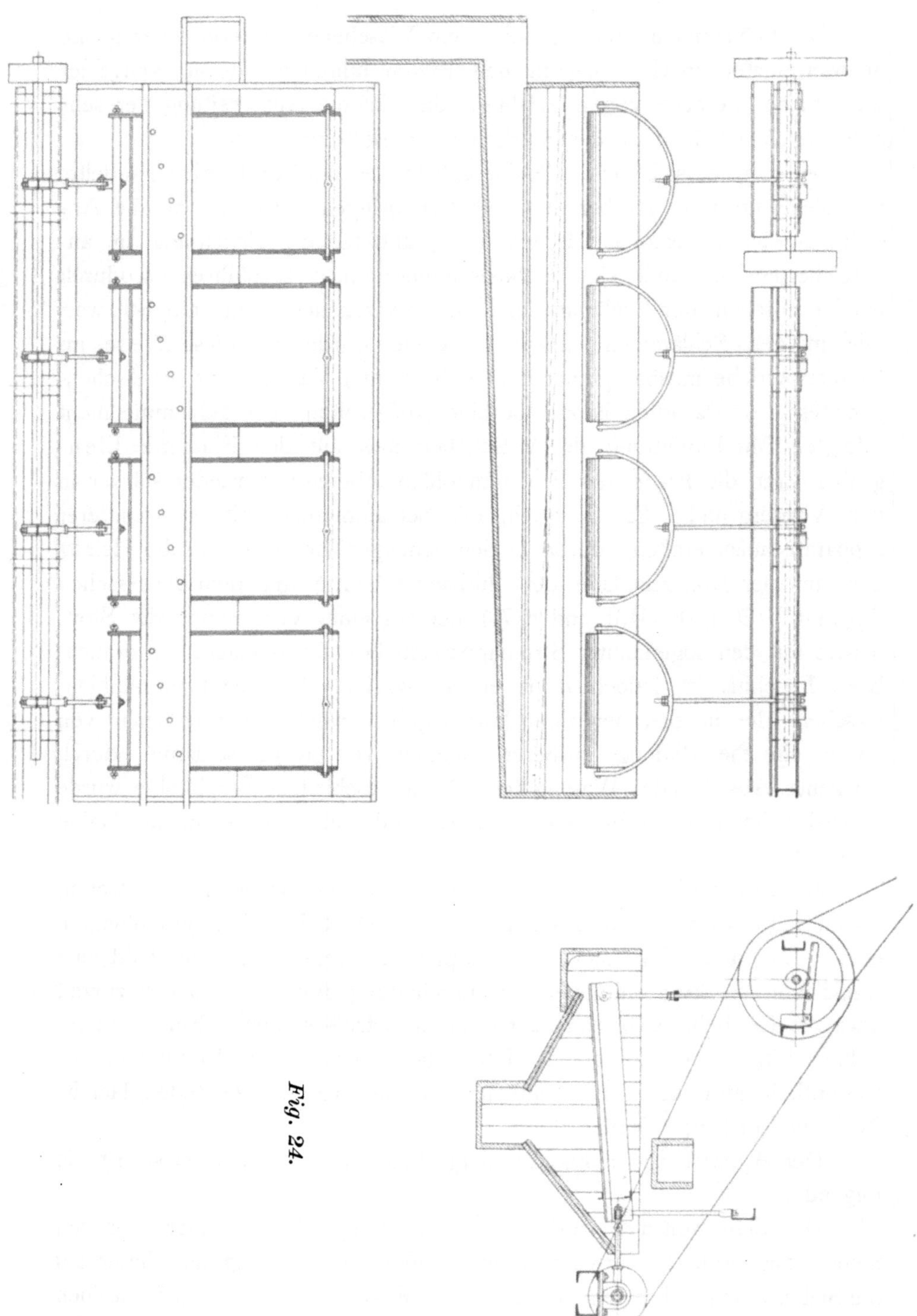

Fig. 24.

jedem Sieb je 2 mit 3 mm weiten Löchern versehene Rohre angebracht, welche starke Wasserstrahlen der Schlammtrübe entgegenschicken und die tonigen Bestandteile, die feineres Korn haben, als die Kohle, durch das Sieb durchdrücken. Die auf dem Sieb verbleibenden Kohlenkörnchen rutschen infolge der dem Sieb gegebenen Schüttelbewegung vorwärts und gelangen mit einem Teil des Wassers in ein vor den Sieben angeordnetes Gefluter. Ein auf Grube Reden mit diesen Sieben ausgeführter Versuch hatte folgendes Ergebnis:

Aufgabe an Schlammwasser auf den Tag	Feste Bestandteile	Aufgabe an reinem Wasser auf den Tag	Erzeugte Schlammkohle			Erzeugtes Schlammwasser auf den Tag		
				Aschengehalt	Wassergehalt	Menge Wasser	Feste Bestandteile	
							Asche	Kohle
cbm	v. H.	cbm	t	v. H.	v. H.	cbm	v H.	v. H.
249	10,39	264	4,78	8,16	14,87 nach 12 stündig. Entwässerung	508,4	39,74	60,76

Von der Burbacher Hütte wird der Aschengehalt der erzielten Schlammkohle zu 5—6 v. H. angegeben, ähnlich günstig waren die Ergebnisse auf der nördlichen Wäsche der Grube Heinitz, welche 4—6 v. H. Asche in der ausgewaschenen Kohle ergaben.

Neuerdings hat die Firma F. Méguin in Dillingen einen auf demselben Vorgang beruhenden Trommelapparat zur Schlammaufbereitung in Vertrieb genommen, dessen Ergebnis denen des Köhlschen Siebes nicht nachstehen soll. Er steht auf der Kokereianlage bei Grube Altenwald in Anwendung.

Ein von Bergrat Zörner erfundener Schlammaufbereitungsapparat hat versuchsweise auf dem Hafenamt und bei der Von der Heydter Wäsche in Betrieb gestanden. Er ist in Fig. 25 und 26 dargestellt.

Wie aus der Zeichnung ersichtlich ist, besteht der Apparat aus einem zylindrischen Behälter A, dessen Boden zur Entfernung des aufbereiteten Schlammes nach unten aufgeklappt werden kann. Auf diesen Bodenklappen ist in geringem Abstande ein durch gelochte Bleche geschütztes Messingdrahtgewebe a (650 Maschen aus 1 qcm) und zwei Stutzen n und o angebracht, welche an eine Druckwasserleitung angeschlossen werden können. 300 mm unter der Oberkante des Behälters A ist ein zweites, ebenfalls durch 2 gelochte Blechtafeln geschütztes Messingdrahtgewebe (d)

aufgelegt; damit dieses Sieb sich nicht verstopft, wird es durch das Klopfwerk e—e ständig erschüttert.

Die senkrechte Achse c, welche dieses Klopfwerk betreibt, ist mit
dem am Boden des Behälters angebrachten Rührwerk r verbunden und
wird durch eine Kegelradübertragung f von einem Elektromotor bewegt.

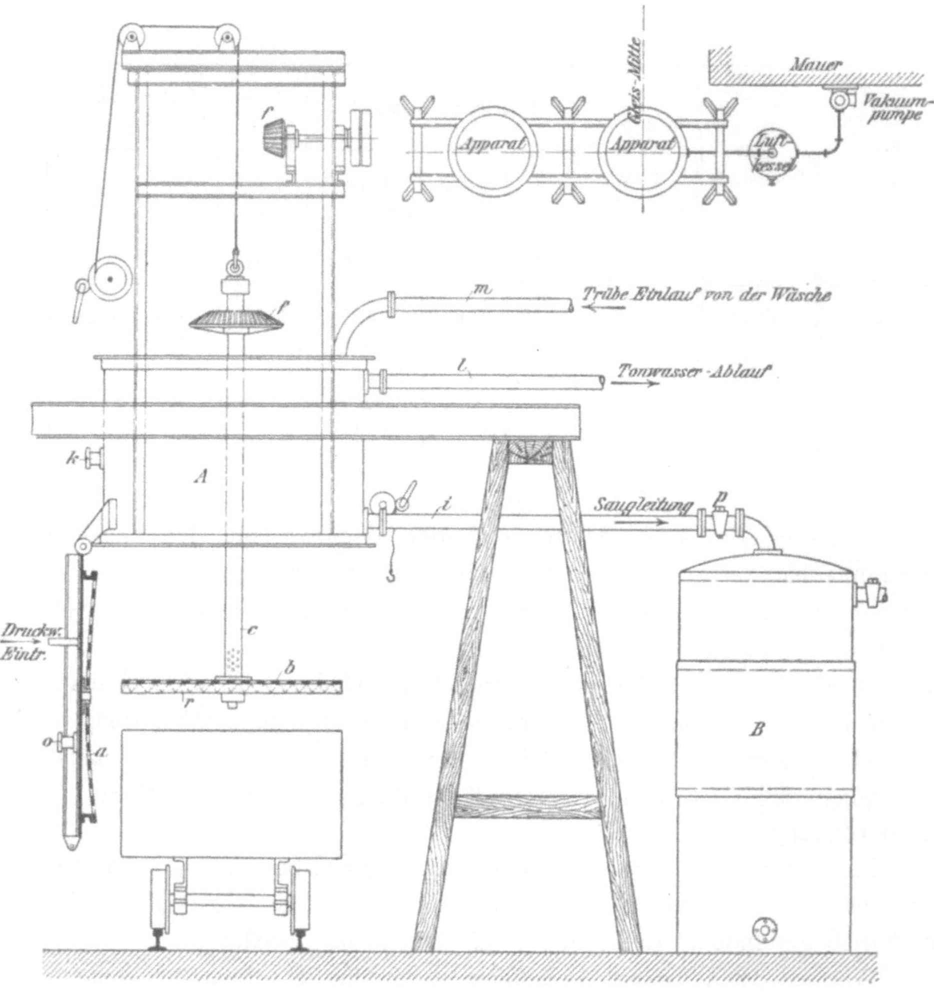

Fig. 25.

Der zu waschende Kohlenschlamm wird in dünnflüssigem Zustande
von einer Kreiselpumpe durch den Stutzen m in den zylindrischen Behälter zwischen die beiden feinmaschigen Siebböden gedrückt und durch
das Rührwerk r ständig aufgerührt. Der feine Tonschlamm wird mit dem

Wasser durch die Siebwerke, vor allem durch das obere, durchgetragen
und durch die Stutzen k und l nach dem Schlammweiher abgeführt,
während die angereicherte Kohle zwischen den beiden Siebwerken zurückgehalten wird. Hat sich eine genügende Menge (etwa 1800—2000 kg)
Feinkohle angesammelt, so wird die Schlammzuführung abgestellt und
durch die beiden Stutzen n und o solange reines Wasser durchgedrückt,
bis dieses oberhalb des oberen Siebes klar heraustritt. Alsdann wird das
Rührwerk abgestellt und der Behälter durch Öffnen bei p an die Saug-
leitung eines Exhaustors angeschlossen, welcher das Wasser aus dem sich
auf dem Bodensieb ablagernden Schlammkohlenkuchen mit einer Luftleere

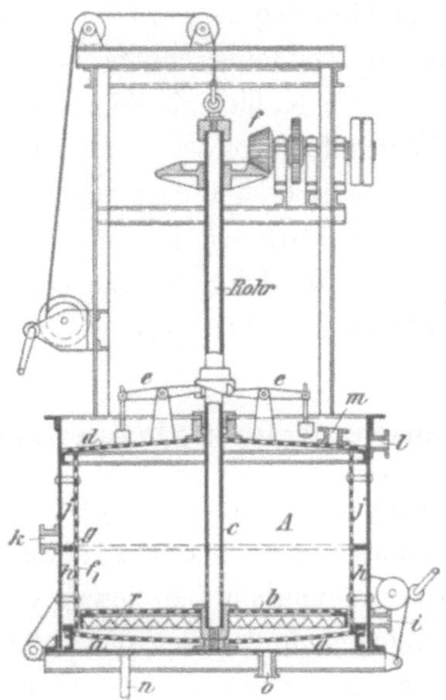

Fig. 26.

von 0,4—0,7 at absaugt. Das abgesaugte Wasser wird in mehreren Luft-
behältern ausgeschieden und nach Beendigung der Absaugung abgelassen.
Die gewaschenen und getrockneten Schlammkohlen werden durch Öffnen
der Bodenklappe in untergeschobene Wagen entleert.

Nach den Erfahrungen, welche bis jetzt mit diesem Apparat gemacht
werden konnten, sind die Ergebnisse bei einer Schlammzuführung bis zu
2000 kg und einer Waschzeit von 1 Stunde am günstigsten. Der Aschengehalt wurde bei den Versuchen von 32,25 v. H. auf 16,4 v. H. und durch
Nachwaschen bis auf 8 v. H. heruntergebracht.

Der Vollständigkeit halber mag hier erwähnt werden, daß eine Verwertung der Feinkohle durch Verarbeitung zu Briketts nur auf dem Hafen-

amt zu Malstatt stattfindet. Es hat früher an Versuchen, die Feinkohle in einfachster Weise in Brikettform zu bringen, nicht gefehlt, doch scheiterten sie sämtlich daran, daß man eine haltbare Ware ohne Zusatz der erforderlichen Menge eines Bindemittels (Pech) und ohne maschinelle Pressung nicht erzielte. Die nach den neuesten Erfahrungen eingerichtete Brikettanlage des Hafenamtes zu Malstatt soll dazu dienen, aus der sonst nicht verwertbaren Feinkohle der Flammkohlengruben ein verkäufliches Erzeugnis herzustellen. Die Anlage besteht zunächst aus einem Becherwerk mit anschließendem Schwingsieb, auf welchem die aufgegebene Grieskohle abgesiebt wird in der Weise, daß die Feinkohle unmittelbar in einen Vorratsturm fällt, während die gröbere Kohle zunächst noch in einem Desintegrator zerkleinert wird. Das zuzusetzende Hartpech wird auf einem Brecher vorgebrochen, dann in einem Desintegrator weiter zerkleinert und gelangt darauf in einem bestimmten Mengenverhältnis zur Kohle. Durch einen weiteren Desintegrator wird die Kohle mit dem Pech innig gemengt und gelangt sodann in einen Wärmofen, von wo das Gemenge nach genügender Trocknung und Erwärmung einer 6 kg-Presse zugeführt wird. Die fertigen Briketts gelangen mittels eines Förderbandes zu den Bahnwagen.

Für den Antrieb der Anlage dient ein Gasmotor. Die Leistung beträgt in 12 stündiger Arbeitsschicht 120 t.

e) Die Einrichtungen zur Wasserklärung.

Mit der Schlammaufbereitung ist die Frage der Wasserklärung im Wäschebetriebe eng verbunden und hat wie diese von jeher besondere Aufmerksamkeit erfordert. Namentlich bei dem großen Gehalt des Saarbrücker Flözgebirges an weichen, im Wasser sich schnell auflösenden Tonschiefern, die sich besonders auch in den reichlich vorhandenen Bergemitteln der Flöze vorfinden, nimmt die Frage der Wasserklärung in der Aufbereitungstechnik eine wichtige Stelle ein, da einerseits bei ungenügender Klärung des Wassers und der damit verbundenen Erhöhung seines spez. Gewichts das Waschergebnis sich verschlechtert, andererseits auch die möglichst vollständige Klärung der den natürlichen Wasserläufen zugeführten Waschwasser wegen Vermeidung von Entschädigungsklagen geboten ist. Dazu tritt in neuerer Zeit bei einzelnen Anlagen noch die Knappheit an Betriebswassern, welche die möglichst lange Benutzung derselben Wassermenge im Wäschebetrieb notwendig macht.

Die Wasserklärung geschieht allgemein in Klärsümpfen, die bei älteren Anlagen noch aus hölzernen Spitzkasten, bei neueren aus gemauerten oder aus Stampfbeton hergestellten Behältern bestehen, die entweder in den Fundamenten der Wäsche angeordnet oder bei vorhandenem Platz in der Nähe der Wäsche angelegt sind. Die Klärung geht infolge der durch eine möglichst große Oberfläche erzielten Verlangsamung der Wasserbewegung vor sich, bei der sich die feinen Teilchen und die Schlämme absetzen, während das überfließende Wasser als waschklar wieder der Pumpe zugeführt wird. Hierbei ist überall dort für die Kohlensümpfe die Form des Spitzkastens gewählt, wo mit Rücksicht auf die Weiterverarbeitung ein ununterbrochenes Abziehen der verdickten Schlämme erwünscht ist, sodaß eine gleichmäßige Zuführung derselben zu den unter d) beschriebenen Schlammaufbereitungsapparaten möglich wird. Bei der Mehrzahl der Wäschen, besonders bei den Flammkohlenwäschen, erfolgt die Wasserklärung für die mit den Kohlen gehenden Waschwasser getrennt von der der Bergetrüben. Man erzielt hierdurch kohlenreichere Schlämme, als sie bei gemeinsamer Klärung sich ergeben würden. Wo keine weitere Verarbeitung der Schlämme mehr stattfindet, fließen diese in außerhalb der Wäsche gelegene Niederschlagssümpfe, die den Zweck haben, die Schlammwasser vor Zuführung in die natürlichen Wasserläufe vollständig abzuklären; eine Verwertung der hierbei sich niederschlagenden Schlämme findet in den seltensten Fällen statt. Auf Grube Von der Heydt pumpt man die unbrauchbaren Schlämme aus den Klärsümpfen auf die Bergehalde nach den Krugschächten und läßt sie dort durchsickern, wobei die Wasser eine genügende Klärung erfahren.

In den Klärsumpfanlagen bei den Grobkornwäschen wird mit dem Schlamm auch die im Wäschebetrieb sich bildende feine Abriebkohle niedergeschlagen, die sich noch sehr gut zur Kesselheizung verwerten läßt.

Der Bedarf an Waschwasser ist bei den einzelnen Wäscheanlagen sehr verschieden. Er richtet sich nach den vorhandenen Möglichkeiten der Wasserklärung, der Art des Waschgutes, der stündlichen Leistung usw. Er ist naturgemäß bei Feinkohlenwäschen wesentlich höher, als bei den Grobkornwäschen. Als Bedarf einer Kohlenwäsche rechnet man unter normalen Verhältnissen auf 1 t Waschgut 0,1 cbm Wasser in der Minute, also auf eine Stunde etwa das Sechsfache der aufgegebenen Kohle.

Wo die Verhältnisse es gestatten, findet eine möglichst häufige Erneuerung des Waschwassers statt. So werden beispielsweise bei der Louisentaler Gesamtwäsche stündlich 100—120 cbm des im ganzen 600 cbm betragenden Wasserbedarfs fortlaufend ersetzt. Der entsprechende Abgang entsteht durch das Fortpumpen der wertlosen Schlämme nach der Bergehalde. Bei den Grobkornwäschen stellt sich der Wasserbedarf in Kubikmetern etwa viermal so hoch, wie die stündliche Leistung in Tonnen, eine vollständige Erneuerung der Waschwasser ist bei diesen nur in großen Zeitabständen erforderlich. Die Kokskohlenwäschen erfordern ein ununterbrochenes Zusetzen von Frischwassern, da die gemahlene Kokskohle ziemliche Wassermengen aufnimmt, die fortlaufend dem Wäschebetrieb wieder ersetzt werden müssen. Bei 60—70 t Leistung betragen diese Mengen 10—15 cbm stündlich.

f) Die Lagerung der gewaschenen Kohle und die Verladeeinrichtungen.

Die Lagerung der Waschprodukte geschieht in Behältern von größerem oder kleinerem Fassungsraum, die bei den auf Handelsware arbeitenden Wäschen als Verladetaschen, bei den Kokskohlenwäschen als Vorrats- und gleichzeitig als Trockentürme ausgebildet sind.

Zur Lagerung der gewaschenen Nußkohlensorten sind auf den älteren Anlagen noch vereinzelt hölzerne Vorratstürme mit nur geringem Fassungsraum vorhanden, welche dann in einem besonderen Gebäude Aufstellung gefunden haben. Bei den neueren Wäschen sind die Verladetaschen in die Wäsche selbst hineingebaut, wie beispielsweise die Anordnung der in Taf. 9 wiedergegebenen Wäsche der Grube Heinitz zeigt.

Die jetzt gebräuchlichen Verladetaschen bestehen aus meist viereckigen, nach unten in die Form einer abgestumpften Pyramide auslaufenden, massiv oder in Eisenfachwerk gemauerten Türmen, deren für jede Sorte einer oder mehrere vorhanden sind. Der Fassungsraum bewegt sich je nach der Wäscheleistung und den Bedürfnissen des Absatzes zwischen 8 und 40 t für einen Behälter.

Über den Verladetaschen für Nußkohlen sind die entweder feststehenden oder als Schüttelsiebe gebauten Entwässerungssiebe angeordnet, die das mit den gewaschenen Kohlen von den Aufbereitungsapparaten kommende Wasser abscheiden, das dann in besonderen Rinnen dem Wäschebetrieb wieder zugeführt wird. Bei den Schüchtermannschen Wäschen werden die Nußkohlen mittels einer quer über dem Sieb liegenden Brausevorrichtung nochmals mit frischem Wasser abgespült, um ein möglichst reines Erzeugnis zu erzielen. Auch sind bei diesen Wäschen zur möglichsten Schonung der Kohle vielfach Wendelrutschen in die Verladetaschen eingebaut, auf denen die Kohlen, ohne zu fallen, abwärts gelangen können. Beide Zwecke werden bei den neueren Baumschen Wäschen durch Verladetaschen erzielt, bei denen der Eintrag der gewaschenen Kohlen in der Weise erfolgt, daß die Behälter ganz mit Wasser angefüllt sind und die gewaschene Kohle im Wasser abwärts sinkt, wodurch ein zu schnelles Fallen und Zerkleinern der Kohle vermieden wird. Die Einrichtung ist dem Erfinder patentiert. Um bei diesen Baumschen Taschen während des Wäschebetriebes verladen zu können, müssen für jede Kohlensorte zwei Taschen vorhanden sein, da das Waschprodukt erst abgezogen werden kann, wenn das Wasser aus der Kohle abgelassen ist. Derartige Verladetaschen finden sich in der Wäsche der

Grube Friedrichsthal sowie bei den Grobkornwäschen der Gruben Heinitz, Dechen und König.

Die vorbeschriebenen Entwässerungseinrichtungen ermöglichen eine Verladung der Würfel und Nußsorten mit einem Wassergehalt, der 4 v. H. nicht übersteigt. Schwieriger gestaltet sich die Entwässerung bei den feineren Kohlensorten, Nußgries und Feingries. Zum Teil wird die bei diesen erforderliche Abtrocknung dadurch erzielt, daß mit der Entleerung der einzelnen Vorratstaschen mehrere Stunden gewartet wird, sodaß ein Teil des in der Kohle enthaltenen Wassers abtropfen kann. Bei einzelnen Wäschen werden die Feinkohlen durch ein mit geringer Geschwindigkeit sich bewegendes, fein gelochtes Becherwerk in die Vorratstaschen gehoben und geben hierbei einen großen Teil ihres Wassergehalts ab. Wo mit dieser Einrichtung eine genügende Abtrocknung nicht erzielt wird, sind in die Verladetaschen besondere Entwässerungsvorrichtungen eingebaut, die im wesentlichen aus Röhren von fein durchlochtem Blech bestehen. Die Firma Schüchtermann verwendet an Stelle von Siebblechen hierzu gestanzte und seitlich auseinander gezogene Bleche, die nach einem patentierten Verfahren hergestellt werden.

Zur besseren Abtrocknung des Nußgrieses (1,3—16 mm) ist in der Friedrichsthaler Wäsche dem Entwässerungsförderband noch eine Trommel vorgeschaltet, in der schon ein wesentlicher Teil des mit der Kohle kommenden Waschwassers entzogen wird. Trommel und Entwässerungsband ermöglichen eine Entwässerung des Feingrieses bis zu 8 v. H. Wassergehalt.

Der Maschinenfabrik Baum in Herne ist neuerdings ein Entwässerungsband patentiert worden, mit welchem außer der Entwässerung der Feinkohle auch die Gewinnung der in den Schlammwassern enthaltenen Kohle erreicht wird. Ein solches in der Kohlenwäsche der Grube Brefeld eingebautes Band ist in Fig. 27 dargestellt. Die Einrichtung ist aus der Zeichnung ersichtlich. Das Band hat eine Breite von 1,8 m und 9,5 m Länge und besteht aus einer Anzahl von gegeneinander beweglichen Becherkästen. Die Höhe der einzelnen Kästen beträgt 670 mm, die Breite unten 495 mm, oben 800 mm. Die Wände der Becher sind bis auf 300 mm Höhe vom Boden mit Wasserablauföffnungen von 7 mm Durchmesser versehen; gleiche Öffnungen sind im Boden der Kästen angebracht. Das Füllen des Bandes vollzieht sich in der Weise, daß das am tiefsten Punkte der Klassiertrommel ausgetragene Waschprodukt 0—8 mm mit einem starken Wasserstrome auf ein schräg gestelltes Malzdarrschlagsieb von 2 mm Stababstand geführt wird. Das Korn 2—8 mm wird von dem Siebe zurückgehalten, rutscht auf ihm herunter in die Entwässerungskästen des Bandes und lagert sich in deren unterer Hälfte ab, während das Korn

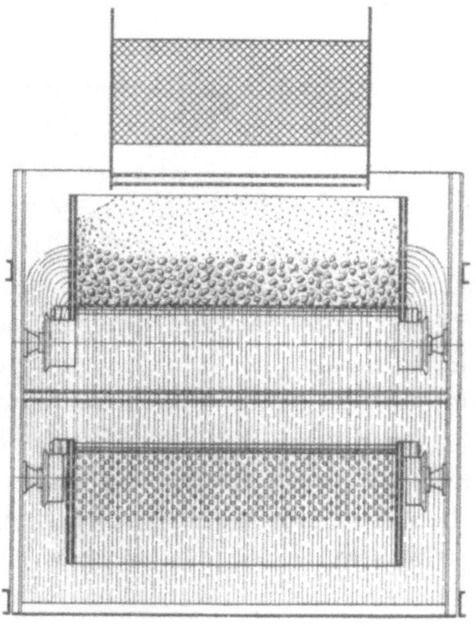

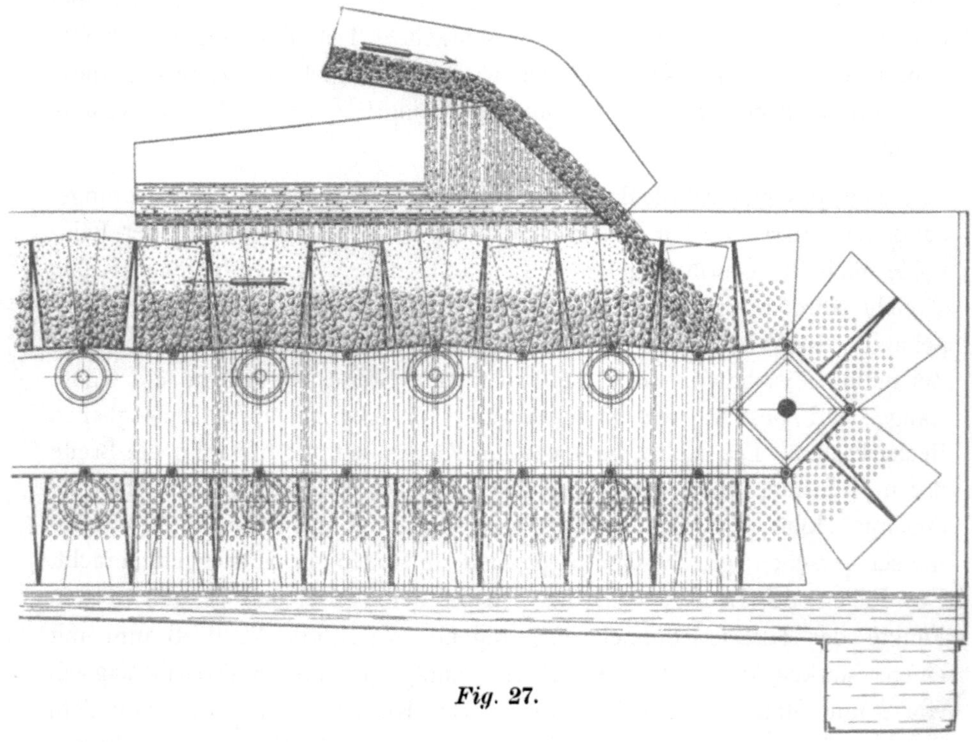

Fig. 27.

0—2 mm durch das Malzdarrsieb hindurch gespült und dem bereits zur Hälfte mit dem Korn 2—8 mm gefüllten Bande zugeführt wird. Bei diesem Verfahren bildet also das Korn 2—8 mm ein Abtropfbett für den Schlamm 0—2 mm. Das Abtropf- und etwaiges Überlaufwasser gelangt auf einen unterhalb des Entwässerungsbandes in seiner ganzen Längserstreckung angebrachten, wasserdichten Trog und fließt aus diesem in den Hauptwäschesumpf ab. Das Mischgut 0—2 und 2—8 mm wird, nachdem es zur Zurücklegung des Weges von der Einfüllstelle für das Korn 2—8 mm bis zum Ende des Bandes 75 Minuten, entsprechend einer Geschwindigkeit von 0,125 m in der Minute, gebraucht hat, in die Verladetaschen entleert. Auf Grube Brefeld wird mit dem Band eine Abtrocknung der gewaschenen Grieskohle bis auf 19 v. H. erzielt, die allerdings noch nicht als ausreichend angesehen wird. Der Vorteil des Bandes besteht darin, daß es die Anlage einer größeren Anzahl von Trockensümpfen, die sonst für den Feingries vorhanden sein müssen, überflüssig macht.

g) Die Abtrocknung und Aufbewahrung der Kokskohle.

Die gewaschene Kokskohle aller Korngrößen wird entweder in einem Kohlensumpf vereinigt und gemeinsam durch Entwässerungs-Becherwerke den Zerkleinerungsmaschinen zugeführt, oder es sind größere Systeme von Kohlensümpfen vorhanden, in welche die gewaschene Kohle eingetragen und durch längeres Stehen zum Abtrocknen gebracht wird. Während in Westfalen fast allgemein nur die Feinkohle der Kohlenwäschen (0—10 mm) zur Koksbereitung Verwendung findet, werden im Saarrevier alle Korngrößen von etwa 35 mm abwärts dem Kokereibetrieb zugeführt. Es findet also ein größerer Absatz von gewaschener Fettkohle unter 35 mm überhaupt nicht statt, einmal aus dem Grunde, weil die Feinkohlenwäschen sich der großen Mehrheit nach im Besitz von Privathütten befinden, die naturgemäß mit ihren Wäscheerzeugnissen nicht auf den Markt kommen; dann ist aber auch die Verwendung der gesamten Körnung unter 35 mm zum Kokereibetriebe bei der Saarkohle schon darum geboten, weil bei ausschließlichem Verbrauch der Feinkohlensorten zur Darstellung des Koks dessen Aschengehalt zu hoch würde, da die feineren Körnungen sich in der Wäsche nie so aschenrein darstellen lassen, wie die Nußsorten. Trotzdem durch die Zuführung der Nußkohlen eine wesentliche Herabsetzung des durchschnittlichen Aschengehaltes der Kokskohle erreicht wird, beträgt er immerhin noch 7—9 v. H. Durch die Mitverarbeitung der kleineren Nußsorten zur Kokskohle wird gleichzeitig einem Übelstand abgeholfen, der bei ausschließlicher Verwendung der Feinkohle zur Koksdarstellung sich — nament-

lich in Westfalen — sehr unangenehm fühlbar macht, nämlich der Schwierig-
keit, die fertige Kokskohle auf den für den Koksofengang zweckmäßigsten
Wassergehalt abzutrocknen. Durch Beimengung der gröberen Sorten entwässert einmal die Feinkohle leichter in den Entwässerungsbecherwerken
bezw. in den Kohlensümpfen, und dann wird auch der Gesamtwassergehalt
durch das Mahlen der größeren Nußsorten an sich schon so herunter-
gedrückt, daß meist nur noch eine unwesentliche, nachträgliche Abtrocknung der gewaschenen Kohlen erforderlich ist.

Die Abtrocknung der Kokskohle in besonderen Entwässerungssümpfen
hat den Vorteil, daß in diesen gleichzeitig ein beträchtlicher Kohlenvorrat
aufgespeichert werden kann. Er beträgt beispielsweise bei der Trockensumpfanlage der neuen Wäsche der Burbacher Hütte, welche aus 12 Abteilungen besteht, 500 t. Die Entleerung der abgetrockneten Kokskohle
erfolgt bei dieser Anlage durch Öffnen eines Schiebers an der Unterseite
der einzelnen, spitz zugehenden Abteilungen, wodurch die Kohle auf zwei
unterhalb der Trockensumpfanlage verlaufende Förderbänder gelangt, welche
sie den Zerkleinerungsmaschinen zuführen.

Auf der de Wendelschen Anlage bei Grube Dudweiler werden für
die Zuführung der gewaschenen Kohle von der Wäsche zu der von dieser
getrennt liegenden Trockensumpfanlage, welche rd. 400 t faßt, die Kohlen-
schlämme der Wäsche benutzt, welche mit dem gesamten Waschgut durch
eine Kreiselpumpe fortbewegt werden. Auf diese Weise wird in den
Trockensümpfen gleichzeitig eine Wasserklärung erzielt, indem die
Schlammwasser den größten Teil ihrer festen Bestandteile in der Kokskohle absetzen.

Wo die Entwässerung der Kokskohle durch besondere Becherwerke
erfolgt, ist die Einrichtung meist in der Weise getroffen, daß diese gleichzeitig den Desintegratoren zuheben, sodaß nur ein einmaliges Heben der
gewaschenen Kohlen stattzufinden hat. Die Entwässerungs-Becherwerke,
deren nach Bedarf eines oder mehrere vorhanden sind, haben feingelochte
Becherkästen von 0,80—1 m Breite und bewegen sich mit geringer Geschwindigkeit (6—10 m in der Minute), um dem Wasser genügende Zeit
zum Abtropfen zu lassen.

Wo eine Lagerung und Aufbewahrung der Kokskohle vor dem
Mahlen nicht stattfindet, sind zur Vermeidung von Betriebsstörungen für
die gemahlene Kohle entsprechende Vorratsräume vorgesehen. Diese
bestehen aus einfachen, massiv oder in Eisenfachwerk gemauerten viereckigen oder runden Türmen, die unten eine Anzahl mit Schiebern ver-
schließbarer Abzugsöffnungen haben. Die Kokskohle gelangt in diese
Türme entweder unmittelbar von den Desintegratoren, oder sie wird von
der Mahlanlage aus mittels eines Kratzbandes oder Förderbandes zuge-

fördert. Vielfach wird durch derartige, mit geringer Geschwindigkeit laufende Fördereinrichtungen noch ein weiteres Abtrocknen der Kohle erzielt.

Der Fassungsraum dieser Vorratstürme bewegt sich entsprechend dem Umfang des zu bedienenden Kokereibetriebes zwischen 60 und 1500 t; er ist naturgemäß bei den nicht unmittelbar bei den Gruben gelegenen Wäschen der Hüttenwerke reichlicher gewählt, als bei den Wäschen, die die Kokskohle unmittelbar der Grubenförderung entnehmen.

h) Der Bergeaustrag und die Nachwäschen.

Der Austrag der Berge von den Grobkornsetzmaschinen erfolgt in der üblichen Weise mittels kleiner, neben den Setzkästen angeordneter Becherwerke, durch welche sie dem Schiefersammelturm zugeführt werden. Die durch das Bett der Feinkornsetzmaschinen durchsetzenden Berge gelangen meist zuerst in einen Niederschlagssumpf, aus dem sie dann ebenfalls mittels Becherwerks in den Schieferturm ausgetragen werden. Die in den letzteren vereinigten Grob- und Feinberge werden gewöhnlich in Förderwagen abgezogen und auf die Halde gefahren.

In einigen Wäschen hat man es zweckmäßig gefunden, die von den Setzmaschinen ausgetragenen Berge einer Nachwäsche zu unterziehen, indem man sie einer nochmaligen Setzarbeit unterwirft; im allgemeinen mit gutem Erfolg. Bei den Kokskohlenwäschen hat sich die Nachwäsche der von den Feinkornsetzmaschinen kommenden Berge besonders bewährt; sie erfolgt in der Weise, daß der Bergeaustrag mehrerer Kästen vereinigt und auf eine oder mehrere besondere Feinkornsetzmaschinen geführt wird. Wo zweisiebige Feinkornsetzmaschinen gewählt sind, empfiehlt es sich, nur die Berge des zweiten Siebes einem nochmaligen Setzen zu unterwerfen. Auch für das Waschen des groben Korns sind Nachwäschen vereinzelt anzutreffen, die zum Teil noch mit Brechanlagen ausgerüstet sind, um das Korn zerkleinern und auf diese Weise durchwachsene Stücke aufschließen zu können. Im großen ganzen ist jedoch der Nutzen solcher Nachwäschen für grobes Korn nicht erheblich. Dabei bringen diejenigen Nachwäschen, in denen die gesamten Grobkornberge noch gebrochen werden, den Nachteil mit sich, daß sie den Tonschlammgehalt des Waschwassers erhöhen, was im Wäschebetrieb nach Möglichkeit vermieden werden muß. Zweckmäßig scheint dagegen eine Anordnung, die auf der Kohlenwäsche der Röchlingschen Werke zu Völklingen für die Nachwäsche getroffen ist, indem hier die Berge der Grobkornsetzmaschinen vor dem Brechen nochmals auf einer besonderen Grobkornsetzmaschine durchgesetzt werden und nur der den Setzkasten verlassende Überfall, ein Gemisch von Kohle und Bergen einem Walzenbrechwerk zugeht. Aus dem zerkleinerten Zwischen-

gut wird dann die darin noch enthaltene Kohle in besonderen Feinkornsetzmaschinen herausgewaschen.

i) Die Antriebsmaschinen und die Pumpen.

Zum Betriebe der Kohlenwäschen ist bis jetzt noch die Verwendung
der Dampfmaschine die Regel. Wo Rätterhalle und Kohlenwäsche gleichzeitig entstanden sind, oder wo es die Betriebsverhältnisse gestatten, werden
beide Anlagen von einer gemeinsamen Dampfmaschine aus betrieben, die
ihre Kraft mittels Riemenübertragung an die verschiedenen Wellenstränge
abgibt. Als Antriebsdampfmaschinen sind fast durchweg liegende Maschinen
gewählt, welche je nach dem Kraftbedarf der Wäsche und den sonstigen
Verhältnissen ein- oder zweizylindrig genommen sind. Von den Antriebsmaschinen der in Anlage II und III zusammengestellten Kohlenwäschen
sind geliefert:

		mit zusammen PS
Von der Dinglerschen Maschinenfabrik, Zweibrücken .	6	1360
Von der Firma Schüchtermann & Cremer, Dortmund	6	1150
Von der Maschinenfabrik Ehrhardt & Sehmer, Schleif- mühle	5	1690
Von sonstigen Firmen	5	700
zusammen	22 *)	4900

Die Anwendung der Elektrizität hat in der neueren Zeit zum Antrieb der Kohlenwäschen vielfach Aufnahme gefunden, da sie den Vorteil
bietet, die Motoren unmittelbar dort aufstellen zu können, wo die Kraft
anzugreifen hat, sodaß ein wesentlicher Teil der bei Dampfmaschinenantrieb
erforderlichen, kraftverzehrenden und unübersichtlichen Wellenstränge in
der Wäsche fortfallen kann. Ein weiterer Vorteil des elektrischen Antriebes
besteht darin, daß die oft schwierigen Fundamentierungsarbeiten für die
Antriebsmaschinen fast ganz in Fortfall kommen können, da das Gewicht
der Elektromotoren, auch bei größeren Wäschen, innerhalb mäßiger
Grenzen bleibt, sodaß sie sich auf die Eisenkonstruktion des Gebäudes an
jedem Punkte unmittelbar verlagern lassen. Der verwendete elektrische
Strom kann Gleichstrom und Drehstrom sein. Bei ersterem wählt man,
um ein langsames Anlaufen zu ermöglichen, Nebenschlußmotoren, bei
letzterem Motoren mit Schleifringanker und Kurzschlußvorrichtung, die
mittels Metall- oder Flüssigkeitsanlasser in Betrieb gesetzt werden.

----

*) 2 Wäschen haben elektrischen Antrieb. Von einer Anlage waren keine
Angaben zu erlangen.

Für die erforderlichen Wasserbewegungen stehen allgemein Kreiselpumpen in Anwendung. Sie sind für die Zwecke der Kohlenwäschen besonders geeignet, da sie auch bei einem gewissen Gehalt des Wassers an Schlämmen und feinen Teilchen anstandslos durchlaufen und für jede in Betracht kommende Wassermenge gebaut werden können. Ihr Nachteil beruht in ihrer starken Abnutzung, doch fällt diese bei den geringen Anschaffungskosten solcher Pumpen wenig ins Gewicht. Zum Zurückpumpen der Schlämme sind auf der Gesamtwäsche der Berginspektion Louisenthal Grevenichsche kolbenlose Pumpen in Betrieb, die sich bewährt haben. Für das Fortpumpen der tonigen Waschwasser, Zupumpen von Frischwasser usw. ist die Verwendung gewöhnlicher Kolbenpumpen die Regel.

k) Hilfseinrichtungen der Kohlenwäschen.

Zu den Hilfseinrichtungen der Kohlenwäschen gehören hauptsächlich die Zerkleinerungsmaschinen, die vereinzelt angewendeten Mischapparate und die für die Baumschen Setzmaschinen erforderlichen Gebläse.

Zerkleinerungsmaschinen sind zunächst bei allen Kokskohlenwäschen des Bezirks vorzufinden, um die gewaschenen Grobkornsorten auf die zum Kokereibetrieb erforderliche Körnung von 0 bis etwa 6 mm zu mahlen. Hierfür stehen allgemein Desintegratoren in Anwendung, deren bei jeder Kokskohlenwäsche zwei oder mehrere vorhanden sind. Die Leistung eines Desintegrators von 1550 mm Durchmesser beträgt bei etwa 400 Umläufen in der Minute bis zu 40 t in der Stunde. Der Kraftverbrauch ist außerordentlich schwankend, er ist bei der Dudweiler Anlage von de Wendel zu 50—200 PS für 1 Maschine ermittelt. Da die Desintegratoren einer erheblichen Abnutzung unterworfen sind, so hat man vielfach Doppelanlagen vorgesehen, die es ermöglichen, bei Außerbetriebsetzung des einen Desintegrators nach entsprechender Umstellung die zweite Anlage in Benutzung zu nehmen.

Die Kohlenmühlenanlage der de Wendelschen Kokerei ist mit elektrischem Antrieb ausgerüstet, sonst werden die Desintegratoren allgemein von der Hauptwelle der Kohlenwäsche aus betrieben.

Zerkleinerungsmaschinen anderer Art, insbesondere Kegelmühlen oder Quetsch- und Walzwerke zur Zerkleinerung von Stückkohle, wie sie die Koksanstalten früher besaßen, als sie noch die ungerätterte Förderkohle zum Kokereibetrieb entnahmen, sind nicht mehr vorhanden. In einzelnen Wäschen finden sich dagegen jetzt noch Brechwalzwerke zum Zerkleinern des den Nachwäschen zuzuführenden Haufwerks. Sie bestehen meist aus zwei gegeneinander laufenden, zylindrischen Walzen und entsprechen im allgemeinen den im Erzaufbereitungsbetrieb Verwendung findenden Walzwerken.

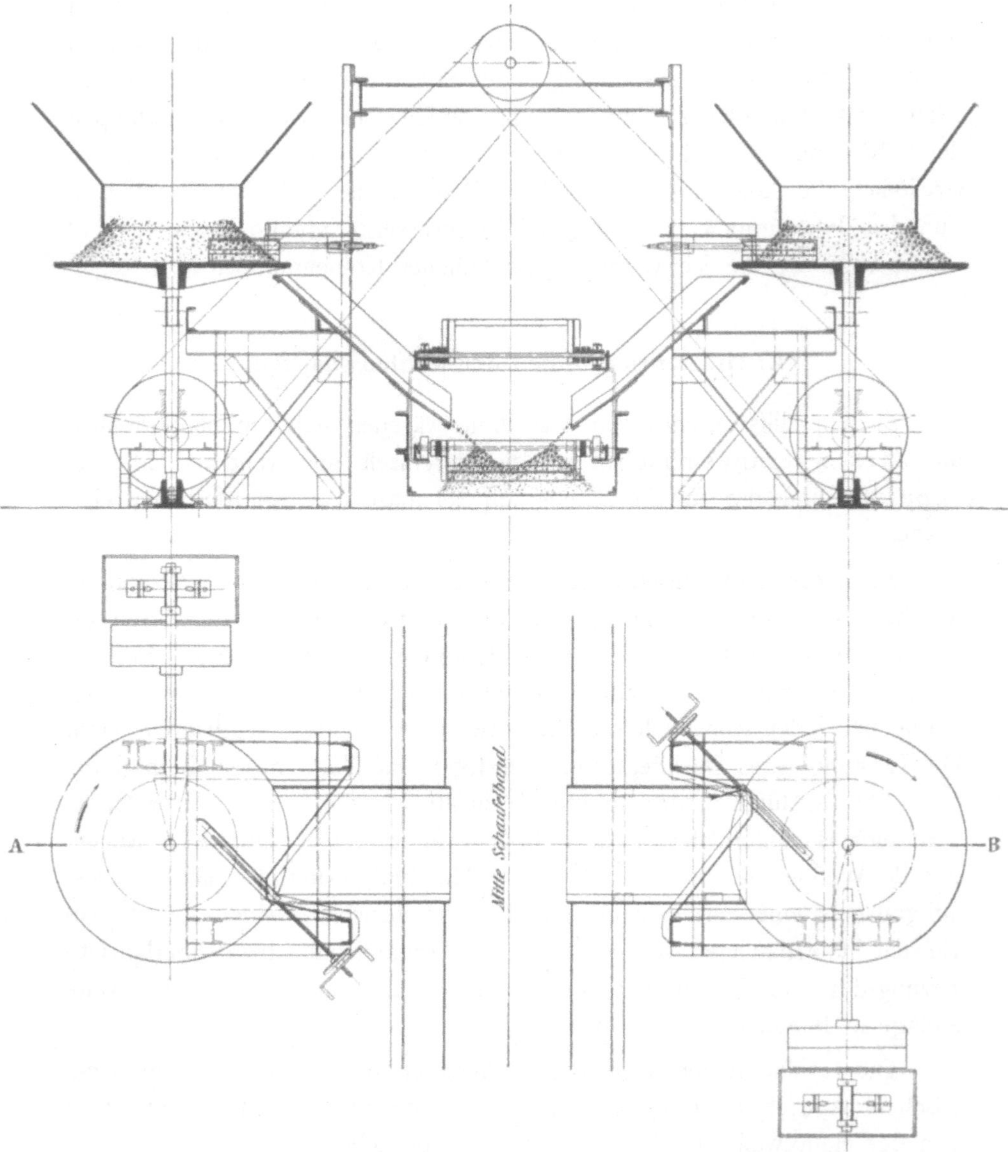

Fig. 28.

Besondere Betriebsverhältnisse machen bei einzelnen Wäschen ein Mischen der Rohkohle vor der Aufgabe zur Wäsche erforderlich. Es ist dies besonders da der Fall, wo die privaten Koksanstalten Grieskohlen verschiedener Gruben empfangen, die in ihrer Verkokungsfähigkeit sich verschieden verhalten, sodaß zur Erzeugung von gleichmäßigem Koks eine innige Mischung der Kohle schon vor dem Waschen notwendig wird. Hierfür stehen besondere Mischtische in Anwendung. Eine auf dem Stummschen Werk zu Neunkirchen in Betrieb befindliche Mischtischeinrichtung, welche von der Firma Schüchtermann & Cremer in Dortmund geliefert ist, zeigt Fig. 28. Jede Kohlensorte wird auf einen der umlaufenden Mischtische aufgegeben und dem gemeinsamen Kratzband in gleichen Zeitabständen in einer Menge zugeführt, die sich durch Verstellen der Abstreicher regeln läßt. Man hat es auf diese Weise in der Hand, verschiedene Kohlensorten in jedem beliebigen Verhältnis zu mischen. Die Zuführung der verschiedenen Kohlensorten — in diesem Falle sind es Grieskohlen der Gruben König, Heinitz und Dechen — erfolgt durch

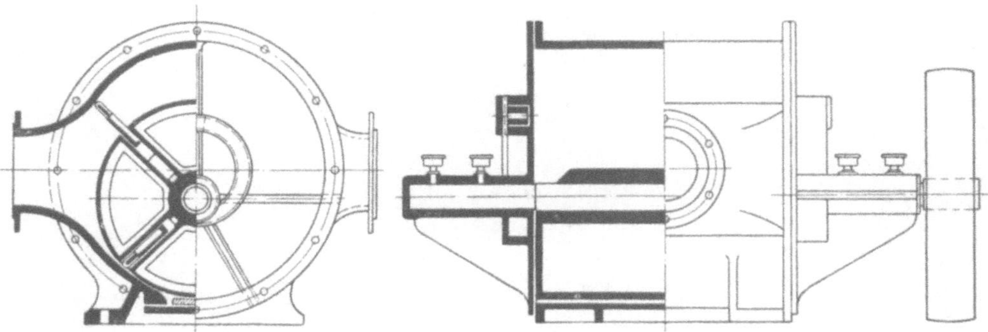

Fig. 29.

Kratzbänder. Eine ähnliche Mischtischanlage besitzt die Kohlenwäsche des Röchlingschen Eisenwerks zu Völklingen.

Zur Erzeugung der für die Luftsetzmaschinen benötigten Druckluft verwendet Baum Gebläse, deren Einrichtung aus Fig. 29 ersichtlich ist. Der von ihnen gelieferte Luftdruck beträgt 0,2—0,3 at, ihr Kraftverbrauch 3—4 PS. Der den Luftzutritt und -Austritt bei den Setzmaschinen regelnde Zylinder — eigentlich ein Teil der Setzmaschine — ist in Fig. 30 wiedergegeben.

4. Die Kokskohlenwäschen.

Von den reinen Kokskohlenwäschen des Saarbezirks sind nur die Anlagen der Burbacher Hütte, des Eisenwerks von Gebr. Stumm in Neunkirchen und die der Röchlingschen Eisen- und Stahlwerke zu Völklingen in neuerer Zeit entstanden. Erstere beiden Anlagen sind in den Jahren

1897 bezw. 1902 von Schüchtermann & Cremer in Dortmund, die letztere
von der Fabrik gelochter Bleche von F. Meguin in Dillingen im Jahre 1902
geliefert. Noch im Bau befindlich sind je eine Kokskohlenwäsche auf der
de Wendelschen Kokerei bei Grube Dudweiler und auf der neuerdings
wieder zum Kokereibetrieb übergehenden Dillinger Hütte.

Die neue Wäsche des Neunkircher Eisenwerks ist für eine stündliche
Leistung von 60 t gebaut. Der Aufbereitungsgang ist dort kurz folgender:

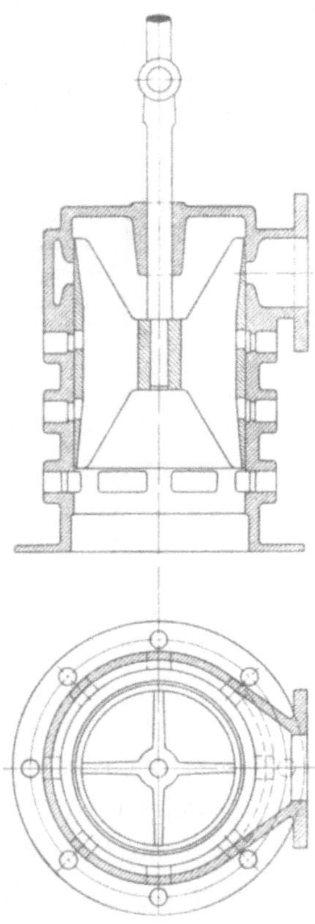

Fig. 30.

Das Absieben geschieht auf Laueschen Schwingsieben in der Weise, daß
zunächst die Feinkohle 0—8 mm abgesiebt und sodann die für die Grobkornsetzmaschinen bestimmten Körnungen 8—15 und 15—35 mm dargestellt werden; für letztere ist eine, für erstere sind zwei Setzmaschinen
vorhanden. Das Verhältnis der über und unter 8 mm Korngröße erfallenden Produkte wird auf 3 : 2 angegeben. Die Verarbeitung der Feinkohle erfolgt auf 3 doppelten Feinkornsetzmaschinen mit je 2 Setzsieben,

auf welche das Aufgabegut durch Lutten mit stellbaren Schiebern gleichmäßig verteilt wird. Die Zahl der Hübe beträgt bei den Grobkornsetzmaschinen 32 in der Minute, die Hubhöhe 15—16 cm. Die entsprechenden Zahlen für die Feinkornsetzmaschinen sind 130 bezw. 5—6 cm. Die Kolben werden bei beiden durch Exzenter bewegt. Nachwäschen sind sowohl für die Grobkorn- wie für die Feinkornberge vorhanden. Die Grobkornberge werden zunächst einem besonderen Setzkasten zugeführt, in dem die durchwachsenen Berge oben ausgetragen werden, während die reinen Schiefer zum Bergesumpf gehen. Der Austrag gelangt auf ein Brechwalzwerk und danach auf eine kleine Siebtrommel von 10 mm Lochung, die das gewalzte Gut in Grobkorn und Feinkorn scheidet. Ersteres geht auf eine der drei Grobkornsetzmaschinen zurück, während das feine Korn in den die Berge der Feinkornsetzmaschinen aufnehmenden Zwischensumpf und von dort zur Nachwäsche der Feinkohle geht. Für diese ist ein doppelter Setzkasten mit zwei Sieben vorhanden, auf welchen die gesamten Berge der Feinkornsetzmaschinen nochmals durchgesetzt werden.

Die von den Setzmaschinen kommende Kohle vereinigt sich in drei Niederschlagssümpfen, aus denen sie mittels 3 Entwässerungsbecherwerken mit 1200 mm Becherbreite und etwa 4 m Geschwindigkeit in der Minute zu den Schleudermühlen gehoben wird, während das Waschwasser dauernd abfließt und zu einer unter der Wäsche befindlichen Kläranlage von 10 Sümpfen mit zusammen 250 qm Oberfläche geführt wird. Die aus den Klärsümpfen abgezogene, verdickte Kohlentrübe wird dem Kohlenniederschlagssumpf wieder zugeführt; die Schlämme, welche einen Aschengehalt von 25—30 v. H. haben, gelangen also ohne weitere Aufbereitung in die Kokskohle.

Von den Schleudermühlen fällt die gemahlene Kohle auf wagerechte Kratzbänder von mäßiger Geschwindigkeit (8—10 m in der Minute), welche sie den Vorratstürmen für Kokskohle zuführen. Die Kohle hat bei der Aufgabe auf das Kratzband im Durchschnitt noch einen Wassergehalt von 18 v. H., trocknet aber beim Weiterfördern und Lagern noch auf 14 bis 15 v. H. ab. Die Gesamtanordnung der Wäche sowie die Lage der Zuführungsbänder der Rohkohle und der Kratzbänder für die Kokskohle zeigt Taf. 6. Das Nähere ist durch die Erklärung auf der Zeichnung ersichtlich gemacht.

Die Kokskohlenwäsche des Eisen- und Stahlwerkes von Gebrüder Röchling in Völklingen ist die neueste Kokskohlenwäsche des Bezirks. Sie zeichnet sich durch eine sehr zweckmäßige Gesamtanordnung sowie auch durch günstige Waschergebnisse aus. Die Klassierung des Waschgutes, welches vor der Aufgabe eine Mischanlage durchläuft, erfolgt durch einander umschließende Trommeln in 3 Grobkorn- und 1 Feinkornsorte.

Für erstere stehen 3, für letztere 6 Setzmaschinen zur Verfügung. Die gewaschene Kohle vereinigt sich in einem in den Wäschefundamenten angeordneten Kohlensammelsumpf von 200 cbm Inhalt, aus welchem 2 Entwässerungsbecherwerke von 1200 mm Becherbreite und 21 m Baulänge die gemischte Kohle der Desintegratorenanlage zuführen, welche über einem Vorratsrumpf von rund 460 cbm Inhalt angeordnet ist. Unter dem Vorratsraum liegt ein wagerechtes Förderband, welches die fertige Kokskohle einer Becherkette zuführt, durch welche sie unmittelbar auf den Füllturm der Koksöfen gehoben wird.

Die aus dem Sammelsumpf übertretende Kohlentrübe wird in einem Satz gemauerter Spitzkästen geklärt und als waschklar durch eine Kreiselpumpe dem Aufbereitungsgang wieder zugeführt, während die sich nach unten absetzenden dicken Schlämme einer Anlage von 4 Köhlschen Sieben zugehen. Die auf diesen erzielte reine Kohle von 6 v. H. Aschengehalt

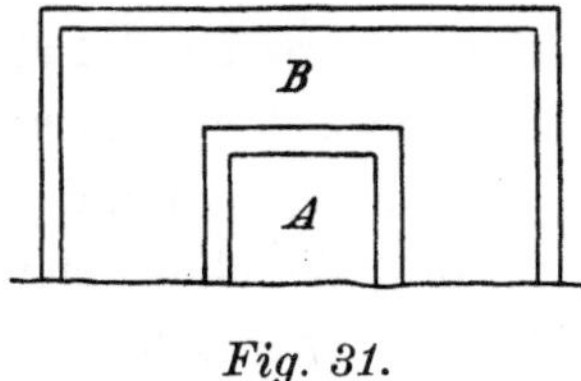

Fig. 31.

wird den Entwässerungsbecherwerken in halber Höhe unmittelbar zugeführt, sodaß sie nicht wieder mit dem Hauptwaschwasser in Berührung kommt. Die Einrichtung der auch bei dieser Anlage vorhandenen Nachwäsche ist vorn S. 79 bereits erwähnt. Die Bergeabgänge sammeln sich in einem besonderen Sumpf, aus dem sie mittels Becherwerk auf eine außerhalb des Gebäudes gelegene Abzugsbühne ausgetragen werden.

Das Gesamtwaschergebnis wird von der Lieferantin der Wäsche der Fabrik von F. Meguin in Dillingen für einen Monat, wie folgt, angegeben.

Im Durchschnitt von 10 Stunden:

Aufgegebene Rohkohle 585 t (Aschengehalt durchschnittlich 30 v. H.), gemischt aus Kohlen von König, Maybach und Brefeld.

Erzielte Kokskohle mit 15 v. H. Wasser 518 t (Aschengehalt 5,9 bis 7,5 v. H.).

Bergeabgang 24,5 v. H. mit 75 v. H. Asche. (Eine Bestimmung des Gehalts an reiner Kohle in letzterem ergab 0,8—4 v. H.)

Die neuere Wäsche der Burbacher Hütte entspricht in der Gesamtanordnung der Waschapparate im wesentlichen derjenigen des Neunkirchener Eisenwerks, ihre stündliche Leistung beträgt 80 t. Die Abtrocknung der gewaschenen Kohle erfolgt in 20 Trockensümpfen von insgesamt 800 t Fassungsraum. Für die Wasserklärung sind außerhalb der Wäsche Behälter der in Fig. 31 skizzierten Anordnung angelegt. Die Wasser treten zuerst in den Raum A, wo sich die mitgeführten Kohlenteilchen niederschlagen, die durch ein feingelochtes Becherwerk unmittelbar in die Kohlensümpfe gehoben werden, und fallen dann erst nach B über. Hier setzen sich die feineren Schlämme ab, welche einer Anlage von fünf Köhlschen Sieben zugehen. Auf diesen wird aus einer Schlammtrübe, deren feste Bestandteile 24 v. H. Asche enthalten, eine Kohle von 5—6 v. H. Aschengehalt erzielt, während die das Sieb verlassenden Bergeschlämme 32 v. H. Asche haben. An Gewicht werden auf der Schlammwäsche etwa 45 t in 10 Stunden, entsprechend 3 v. H. des gesamten aufgegebenen Waschgutes, herausgewaschen.

Als Beispiel einer älteren Kokskohlenwäsche mag noch die von Schüchtermann gebaute Wäsche der südlichen Kokerie auf Grube Heinitz Erwähnung finden, deren Stammbaum nachstehend (Tabelle 1) zusammengestellt ist. Diese Wäsche besitzt im Gegensatz zu den neueren Anlagen der Firma Schüchtermann Trommelklassierung. Für die vier erfallenden Nußkörnungen ist je ein Setzkasten vorhanden, sie sind paarweise zu einer Setzmaschine zusammengebaut. Die Feinkohle unter 8 mm wird einer Feinkorntrommel von 4 mm Lochweite zugeführt, für jede die Trommel verlassende Feinkohlensorte sind 2 Feinkornsetzmaschinen vorhanden. Die gewaschenen Nußkohlen können sowohl den bei der Wäsche gelegenen, hölzernen Verladetaschen zugeführt werden, wie auch zu dem gemeinsamen Kohlensumpf gelangen, aus dem das Entwässerungsbecherwerk hebt.

Eine Aufbereitung der Schlämme findet bis jetzt nicht statt. Die in den Kohlentrüben enthaltenen Schlammteile setzen sich in dem Kohlensammelsumpf mit den gröberen Sorten nieder und werden mit diesen ausgetragen, sodaß das aus dem Sumpf überfließende Wasser dem Pumpensumpf zufließen und aus diesem als waschklar wieder in die Wäsche zurückgepumpt werden kann. Die Bergetrüben fließen in 4 außerhalb der Wäsche gelegene Niederschlagssümpfe, in denen sich die Schlämme absetzen, während die geklärten Wasser der Aufgabepumpe wieder zulaufen. Die hier abgesetzten Schlämme werden alle 14 Tage mit dem verbrauchten Wasser fortgespült und schlagen sich in großen, talabwärts gelegenen Kläranlagen nieder. Diese Schlämme enthalten noch etwa 40 v. H. verbrennbare Bestandteile. Alle bisherigen Versuche, sie zu verwerten, haben zu keinem brauchbaren Ergebnis geführt, doch ist beabsichtigt, sie auf einer Anlage Köhlscher Siebe nochmals durchzuwaschen.

Stammbaum der fiskalischen Kohlenwäsche zu Heinitz.

Regelmäßige stündliche Leistung: 50 t Grieskohlen bei 150 bis 200 cbm Wasserverbrauch.

Grieskohlen-Aufgabe durch einen Rost von 30 mm Stabweite und Hauptbecherwerk nach der zweiteiligen Vor-Trommel von 15 mm und 8 mm Lochweite des inneren bezw. äußeren Siebes

a) Grobkorn über 15 mm

zur zylindrischen Separations-Trommel mit 3 Feldern von 15, 20, 25 mm Lochweite.

1. Korn von 8 bis 15 mm zur Nußkohlen-Setzmaschine No. 4 . . . . } Hubhöhe = 30 cm Hubzahl/Minute = 36.
2. Korn von 15 bis 20 mm zur Nußkohlen-Setzmaschine No. 3 . . . . }
3. Korn von 20 bis 25 mm zur Nußkohlen-Setzmaschine No. 2 . . . . } Hubhöhe = 38 cm Hubzahl/Minute = 30.
4. Korn von über 25 bis 30 mm zur Nußkohlen-Setzmaschine No. 1 . . . . }

Kohlen gehen nach einer Entwässerungs-Trommel von 8 mm Lochweite und von hier nach dem Kohlen-Spitzkasten, die Trüben nach der 4 mm Feinkorn-Trommel (b).

a) Grobkorn zwischen 15 u. 8 mm

zur Nußkohlen-Setzmaschine.

Berge gehen vermittels Förderschnecke nach einem Entwässerungs-Becherwerk und fallen in den Berge-Spitzkasten.

b) Feinkorn unter 8 mm

nach der Feinkorn-Trommel von 4 mm Lochweite.

Korn von 4 bis 8 mm

zur (doppelten) Feinkorn-Setzmaschine No. 1 (mit Feldspat-Bett auf einem 11 mm-Sieb) Hubhöhe = 18 mm Hubzahl/Minute = 120.

Korn unter 4 mm

zum Spitzkasten

Überlauf zum Schwereren zur (doppelten) Feinkornsetzmaschine No. 2 (mit Feldspatbett auf einem 7 mm-Sieb) Hubhöhe = 14 mm, Hubzahl/Minute = 150. Das

Kohlen zum Kohlen-Spitzkasten.

Berge zum Berge-Spitzkasten.

Die Waschergebnisse dieser Heinitzer Anlage sind in folgender Tabelle für ein Jahr zusammengestellt.

Monat	Kohlen II. Sorte (Gries-kohlen) zur Wäsche	Be-triebs-zeit der Wäsche	In einer Stunde wurden gewa-schen	Erzeugung an gewaschenen Kohlen		Abgang an Setz-bergen und Schläm-men	Aschengehalt der		Wasser-gehalt der ge-wasche-nen Kohlen
	t	Stunden	t	t	v. H.	t	Gries-kohlen v. H.	der ge-wasche-nen Kohlen v. H.	v. H.
	1	2	3	4	5	6	7	8	9
April 1902	10 800	239	45,2	8138	75,35	2662	24,65	8,57	18,39
Mai „	9 800	219	44,8	7501	76,54	2299	23,46	8,47	19,05
Juni „	11 750	256	45,9	8959	76,25	2791	23,75	8,45	18,75
Juli „	11 400	253	45,03	8637	75,76	2763	24,24	8,20	20,00
August „	10 650	237	44,85	8203	77,03	2447	24,85	8,23	18,56
Septemb. „	10 450	232	44,95	7840	74,59	2510	24,98	8,59	18,45
Oktober „	11 000	244	45,05	8283	74,85	2767	25,15	8,66	19,53
Novemb. „	9 550	215	44,5	7227	75.67	2323	24,32	8,18	19,95
Dezemb. „	9 600	216	44,4	7287	75,91	2313	24,01	8,49	18,97
Januar 1903	9 300	205	45,4	7069	76,01	2231	23,99	8,75	19,06
Februar „	9 000	199	45,4	6796	75,51	2204	24,49	8,29	18,87
März „	8 930	199	44,8	6680	74,84	2250	25,20	8,36	19,95
Summe	122 230	2714		92 570		29,660			
Durchschnitt			45,02		75,69	24,31 v. H.	24,42	8,44	19,13

Der Aschengehalt der einzelnen im Wäschegang dargestellten Kohlensorten betrug im Durchschnitt:

Bei Nußkohle 1 = 6,18 v. H., bei Feinkohle 1 = 7,4 v. H.

„   „   2 = 7,07 „   „   „   2 = 8,2   „

„   „   3 = 7,17 „   „   „   3 = 13,72 „

„   „   4 = 6,09 „   „   „   4 = 14,70 „

Schlämme 25—30 v. H.

Im Durchschnitt aller Sorten, wie oben, Spalte 8 = 8,44 v. H.

Zum Vergleich mögen hier auch noch die Ergebnisse der Kohlenwäsche der nördlichen Kokerei zu Heinitz (früher Montangesellschaft) Platz finden, da sie insofern bemerkenswert sind, als in dieser Wäsche, wie bereits oben erwähnt ist, ohne vorherige Klassierung gewaschen wird.

Es betrug der Aschengehalt der Kohle von 3 Setzmaschinen im Durchschnitt 5,57 v. H., welcher durch Zutritt der in einer Nachwäsche gewonnenen Kohlen und der in dem Niederschlagssumpf sich absetzenden Schlämme auf 8,89 in die Höhe ging.

Diese nördliche Wäsche der Heinitzer Kokerei ist gleichfalls mit einer Anzahl Köhlscher Siebe für die Schlammaufbereitung ausgerüstet. Sie erzielen bei einem Aschengehalt der Schlämme von 35 v. H. eine Kohle von 4—6 v. H., während die abgehenden Berge 56—62 v. H. Asche enthalten. Der Wasserverbrauch beträgt hier je Stunde und Sieb 7,5 cbm, die Leistung eines Siebes ist zu etwa 600 kg ausgewaschene Kohle in der Stunde ermittelt. Auch hier sind demnach die Ergebnisse des Köhlschen Siebes sehr günstig.

5. Flammkohlenwäschen.

Die Flammkohlenwäschen haben außer den bei den Kokskohlenwäschen in Betracht kommenden Bedingungen noch einigen weiteren Erfordernissen zu entsprechen. Bei ihnen muß zunächst auf möglichste Erhaltung der Korngröße gearbeitet werden, einmal weil die gröberen Nußsorten höher bewertet werden, als die feineren und andererseits, weil jede Zerkleinerung der Kohle eine erhöhte Schlammbildung zur Folge hat, diese aber gerade bei den Flammkohlenwäschen infolge der Minderwertigkeit der Schlämme besonders lästig ist. Ferner ist bei der Flammkohle, namentlich bei den feineren Sorten, eine weitgehende Entwässerung Vorbedingung einer marktfähigen Ware. Auch hinsichtlich des sauberen Verladens und der möglichsten Schonung der Kohle hierbei werden an die Flammkohlenwäschen besondere Anforderungen gestellt.

Die obere Grenze, auf die bei den Flammkohlenwäschen abgesiebt wird, liegt gleichmäßig bei 80 mm, doch sind allenthalben Einrichtungen getroffen, durch Verändern der Lochweite auf den Rättern über und unter diese Grenze zu gehen. Die dargestellten Sorten entsprechen im allgemeinen den eingangs mitgeteilten Normalkörnungen.

Die Ergebnisse von 6 zu Ende 1903 in Betrieb befindlichen Flammkohlenwäschen sind in nebenstehender Tabelle gegenübergestellt.

Die unter 1 und 2 aufgeführten Wäschen sind Doppelwäschen, sodaß e i n System immer zur Reserve des andern steht. Für die anderen Wäschen sind Reserven nicht vorhanden.

Den Stammbaum der Gesamtwäsche zu Louisenthal, in der das gesamte Rättergut über 80 mm von den Gruben Viktoria, Gerhard und Serlo verwaschen wird, zeigt Tabelle 2. Die Wäsche hat, im besonderen zur Erzielung eines besseren Ergebnisses an gewaschener Feinkohle, verschiedene Veränderungen gegen ihre ursprüngliche, von der Firma Baum

| No. | Wäsche | Stünd-liche Leist-ung t | Ergebnis in Hundertteilen an | | | | | Wasch-verlust v. H. | Wasser-ver-brauch in der Stunde an Frisch-wasser cbm |
			Würfel	Nuß I	Nuß II	Nuß-gries	Schläm-me		
1.	Gesamtwäsche in Louisenthal . . .	75	11	14	12,5	18,5	14	30	120
2.	Desgleichen in Von der Heydt	60	7	12	52 (0—40)		(Fein-gries 7)	29	60
3.	Wäsche bei den Redenschächten .	60	15	16	21	19 .	7	15	50
4.	Wäsche bei den Itzenplitzschächten	65	6	13	24	17	7	26	20
5.	Wäsche der Grube Friedrichsthal . .	63	13,1	8,9	19,5	26	11,9	20,6	30
6.	Wäsche der Grube Göttelborn. . . .	70	7,6	8,9	19,9	22 (Nuß II und Nuß IV)	—	83 Berge, 22,7 Schläm-me, 10,6 Staub	10

in Herne gelieferte Einrichtung erfahren. Der Aufbereitungsgang ist kurz folgender:

Das gesamte Waschgut gelangt teils in Förderwagen von den entfernter gelegenen Anlagen, teils unmittelbar als Rätterprodukt der neben der Wäsche stattfindenden Bahnverladung in einen Vorratsbehälter von etwa 250 cbm Fassungsraum; von dieser wird die Kohle mittels eines Becherwerks zur Wäsche gehoben, wo sie zunächst in 4 kegelförmigen, einander umschließenden Trommeln, die von innen nach außen 50, 35, 24 und 18 mm Lochweite haben, vom größeren zum kleineren Korn abgesiebt wird. Die vier erzielten Grobkornsorten gehen zu je einer Setzmaschine und von dieser über ein Entwässerungssieb in die Verladetaschen, wobei die Nußsorten 35—24 und 24—18 mm als Nuß II wieder vereinigt werden. Für jede Sorte ist je eine Verladetasche mit ungefähr 15 t Inhalt vorhanden.

Das gesamte Feinkorn 0—18 mm — der Durchfall der äußeren

Trommel — gelangt ohne weitere Klassierung mittels Wasserspülung auf 4 Feinkornsetzmaschinen, bei denen der Bergeaustrag nicht durch die Kasten, sondern, wie bei den Grobkornsetzmaschinen, vermittels Schiebers über dem Setzsieb erfolgt.

Um die Schlämme (0—2 mm) aus dem Gries zu beseitigen, hatte man früher die gesamte gewaschene Kohle der vier Setzmaschinen auf ein Flachsieb mit 2 mm Lochung gehen lassen und auf diesem unter reichlicher Wasserzuführung eine Trennung der Schlämme von dem Feingries bewirkt. Diese Arbeit war jedoch nur unvollkommen, da immer eine große Menge des gröberen Korns in die Schlämme ging.

In neuester Zeit bewirkt man diese Trennung in folgender Weise: Die gesamte Kohle von den 4 Feinkornsetzmaschinen geht nach einem, außerhalb der Wäsche gelegenen Grieskohlensumpf, der einen Fassungsraum von 50 cbm hat. Um diesen sind Überfallrinnen, wie in Fig. 32 dargestellt, angeordnet, in welche die Schlammkohle mit dem größeren Teil des Wassers übertritt. Der in dem Behälter zurückbleibende Nußgries wird mittels eines Becherwerks herausgehoben, geht unter reichlicher Zuführung von Frischwasser über ein Walzdarrsieb, um die noch mitgenommenen Schlämme zu entfernen, und fällt dann in einen zweiten, daneben liegenden Behälter. Der auf diese Weise von allen feinen Bestandteilen gereinigte Nußgries wird mittels Becherwerks gehoben und auf eine Reihe von 6 unter der Wäsche befindlichen Vorratsbehältern, die zugleich als Entwässerungstürme dienen, mit einer Markusschen Schüttelrinne verteilt. Aus diesen Vorratsbehältern gelangt der Nußgries vermittels einer unter ihnen fahrbar aufgestellten Verladerutsche auf ein Bradley-Becherwerk von insgesamt 96 m Baulänge mit 248 Bechern, durch das er auf die Verladetaschen gehoben und dort ausgestürzt wird. Auf diese Weise wird eine Abtrocknung des Nußgries bis auf 12 v. H. erzielt.

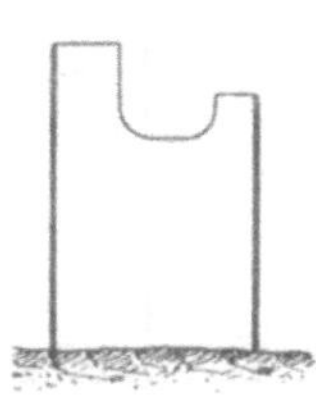

Fig. 32.

Die aus dem Klärbehälter außerhalb der Wäsche mit dem Wasser überfließenden Schlämme gelangen in eine Reihe von 8 Klärsümpfen, in denen sie sich niederschlagen, sodaß sie am unteren Ende abgezogen werden können. Sie vereinigen sich in einem Sumpf, aus dem ein Becherwerk mit Bechern von 4 mm Lochweite das gröbere Korn heraushebt, das auf 2 Köhlschen Sieben von $^3/_4$ mm Spaltweite gewaschen wird. Die in dem Sumpf zurückbleibenden, feinen Schlämme werden mittels kolbenloser Pumpe (Patent Grevenich) einem weiteren Niederschlagssumpf zugehoben. Die hier am tiefsten Punkt sich wieder absetzenden Schlämme bringt ein aus undurchlässigen Bechern zusammengesetztes Becherwerk auf 6 weitere Köhlsche Siebe, welche eine Feinkohle mit einem Aschengehalt von 16 v. H. herauswaschen, die zur Kesselheizung benutzt wird. Die von den Sieben abgehenden Bergeschlämme haben noch einen Gehalt von 50 v. H. verbrennbarer Bestandteile.

Der Bergeaustrag, sowohl der Grobkorn- wie der Feinkornsetzmaschinen, geschieht mittels Förderschnecken und Becherwerke, durch welche die Berge einem gemeinsamen Schieferturm zugeführt werden. Aus diesem werden sie in Förderwagen abgezogen und zur Bergehalde gebracht. Für die Wasserklärung ist ein Satz von 14 Klärsümpfen vorhanden, die in 2 Reihen zu je 7 Abteilungen angeordnet sind. Das gesamte Wasser, welches von den Setzmaschinen und den Feinkohlensümpfen kommt, durchfließt nacheinander die Klärsümpfe; an den tiefsten Punkten wird der Schlamm ununterbrochen abgezogen und mit einer Kolbenpumpe nach der Bergehalde gepumpt. Bei dem Durchsickern durch die Halde klärt sich das Wasser soweit, daß es den Vorratsbehältern der Wäsche wieder zugeführt werden kann. Das waschklare Wasser wird von einer Kreiselpumpe den Aufgabestellen bei den Setzmaschinen wieder zugehoben. Die Wäsche verbraucht, trotz des teilweisen Wiedergewinns des zur Bergehalde gepumpten Wassers täglich in 20 Stunden Betriebszeit 2000 cbm Wasser.

Den Schwierigkeiten, die das Abtrocknen der Feinkohlen bereitet, sucht man bei der Von der Heydter Wäsche in der Weise zu begegnen, daß man die Kohlensorten, die auf Feinkornsetzmaschinen verwaschen werden, mit den kleineren Nußsorten 11—25 mm und 25—40 mm zusammen in einen gemeinsamen Kohlensumpf gelangen läßt, aus dem sie mittels feingelochter Becherwerke ausgetragen und zum Teil hierbei schon entwässert werden. Die weitere Abtrocknung erfolgt in großen, nach unten spitz zugehenden, hölzernen Vorratstürmen, in denen die gewaschene Kohle, welche als Handelsware die Bezeichnung Nußgries führt, innerhalb 24 Stunden bis auf 6—7 v. H. Wassergehalt entwässert wird. Durch die Erfahrung ist festgestellt, daß durch ein längeres Stehenlassen der Kohle in den Türmen eine wesentlich bessere Abtrocknung nicht zu erreichen ist. Durch entsprechende umschichtige Beschickung und Entleerung der Behälter wird ein verkaufsfähiges Erzeugnis erzielt, das bei einem Wassergehalt von rund 7 v. H. einen Aschengehalt bis zu 10 v. H. aufweist.

Bei dieser Wäsche sind auch Versuche zur Gewinnung der in den feinen Schlämmen noch enthaltenen Kohle mit dem auf S. 43 f. beschriebenen Zörnerschen Apparat gemacht worden. Sie haben jedoch zu brauchbaren Ergebnissen noch nicht geführt und sollen fortgesetzt werden.

Hinsichtlich der Art und Weise der Feinkohlenaufbereitung verdient auch die Wäsche der Grube Friedrichsthal Erwähnung, welche 1896 von der Maschinenfabrik Baum in Herne i. W. gebaut ist. Sie verarbeitet ein Waschgut von 0—80 mm, welches zu etwa $^4/_5$ der Flammkohlengrube Friedrichsthal, zu $^1/_5$ dem Fettkohlenschacht Helene entstammt. Die Grobkornsorten werden mit den Abgrenzungen 80—46, 46—32 und 32—16 mm dargestellt. Der Staub (unter 1,3 mm) wird trocken abgesiebt und ist nicht weiter verwertbar. Die gesamte Kohle zwischen 16 und 1,3 mm wird auf Nußgries verarbeitet; außerdem ergeben sich jedoch noch trotz des Staubabsiebens beträchtliche Mengen an feinem Schlamm. Das Waschen und Entwässern der gröberen Kornsorten bietet nichts Bemerkenswertes. Der Nußgries wird in Grobkornsetzmaschinen, deren für diese Sorte 3 vorhanden sind, durchgesetzt. Die gewaschene Kohle gelangt zu ihrer Entwässerung zunächst auf eine kegelförmige Trommel und von dieser auf ein ansteigendes, gelochtes Band, durch das sie unter weiterer Abtrocknung den Grieskohlenfülltaschen zugehoben wird. Der erzielte Nußgries hat beim Verladen in die Bahnwagen noch durchschnittlich 20 v. H. Wassergehalt.

Die von den Waschwassern mitgenommenen Schlämme setzen sich in den unter den Setzkasten angeordneten, reichlich bemessenen Klärsümpfen nieder und werden einem Becherwerk mit 5 mm Lochung zugeführt, welches die gröberen, hauptsächlich aus Kohle bestehenden Schlammteile in einen besonderen Schlammsumpf austrägt, der mehrere Abteilungen besitzt. In diesen trocknet die Schlammkohle auf etwa 15—18 v. H. Wassergehalt ab und wird zur Kesselheizung im eigenen Betriebe verwendet. Bei einem durchschnittlichen Aschengehalt von 20 v. H. wird mit ihr noch eine 3,8—4fache Verdampfung erzielt. Die feinkörnigen, tonreichen Schlämme, welche das Becherwerk nicht mit fortnimmt, werden als wertlos in große Klärteiche niedergeschlagen, doch ist jetzt beabsichtigt, zur Gewinnung der in ihnen noch enthaltenen Kohle eine Schlammwaschanlage mit Köhlschen Sieben bezw. der Méguinschen Siebtrommel zu errichten.

Die Ergebnisse des ganzen Wäschebetriebes sind nachfolgend für einen Monat zusammengestellt:

Waschergebnis

der Flammkohlenwäsche der Grube Friedrichsthal

für den Monat Oktober 1903.

Gesamtförderung . . . . . . 24 841,5 t

Daraus wurden abgerättert:

    a) Stückkohle über 80 mm . 8 945   t = 36,05 v. H.

    b) Waschgut . . . . . . 15 896,5 t = 63,95   „

Wascherzeugnisse aus b):

α) Würfel . . . 1960 t = 13,53 v. H.
β) Nuß I . . . 1145 t = 7,91 „
γ) Nuß II . . . 2825 t = 19,5 „
δ) Nußgries . . 4677,5 t = 32,29 „   des Wasch-
ϵ) Schlamm . . 1395 t = 9,63 „   gutes
ζ) Waschverlust . 2482,5 t = 17,14 „

zusammen 100 v. H.

Der Aschengehalt der Waschprodukte stellt sich im Durchschnitt täglicher Probe wie folgt:

a) Waschgut . . . 21,2 v. H.
b) Würfel . . . . 5 „
c) Nuß I . . . . 5 „
d) Nuß II . . . . 7,4 „
e) Nußgries . . . 9,4 „
f) Schlämme . . . 20,6 „
g) Waschberge . . 64,3 „

Bei der neuesten Flammkohlenwäsche zu Göttelborn wird die Feinkohle ebenfalls trocken abgesiebt. Sie hat dort einen Aschengehalt von 40 v. H. Die Verwertung der sich im Wäschegang ergebenden Schlämme macht auch hier Schwierigkeiten, weshalb man ihre Aufbereitung auf Köhlschen Sieben ins Auge gefaßt hat. Zurzeit gehen sie noch als wertlos auf die Bergehalde.

Den vorerwähnten Flammkohlenwäschen entspricht in ihrer Gesamtanordnung die Kohlenwäsche der Grube Sulzbach, welche Fettkohle 0—80 mm verarbeitet. Bei dieser Wäsche ist Grob- und Feinkornaufbereitung, welche sonst bei der Fettkohle fast allenthalben getrennt sind, vereinigt. Sie verdient deshalb besondere Erwähnung.

Die Wäsche ist im Jahre 1896 von der Firma Schüchtermann & Cremer für eine stündliche Leistung von 60 t gebaut. Der Aufbereitungsgang ist kurz folgender:

Das Waschgut, welchem noch die von den Lesebändern ausgeklaubten und in einem Brechwerk zerkleinerten, durchwachsenen Berge zugesetzt werden, gelangt durch das Aufgabebecherwerk auf zwei nach Fig. 17 (S. 34) angeordnete Lauesche Schwingsiebe. Die abgesiebten Sorten: Würfel (80—55 mm), Nuß I (55—35 mm), Nuß II (35—15 mm) und Nuß III (15—10 mm) gehen je einer Grobkornsetzmaschine zu, während für die Verarbeitung des Feingrieses (0—10 mm) 6 zweisiebige Feinkornsetzmaschinen mit Feldspatbett vorhanden sind. Das aus den zweiten Sieben der letzteren getrennt abgezogene Zwischengut wird einem Nachsetzkasten zugeführt und dort rein gewaschen. Die Grobkornmaschinen haben 1800/1200 mm Siebfläche und 1200/750 mm Kolbenfläche, das Verhältnis beider ist somit 2,4 : 1. Die Hubhöhe ist 270 mm, die Hubzahlen gleichmäßig 270 in der Minute. Die Feinkornsetzmaschinen haben Setz- und Kolbenfläche gleichmäßig 1200/700 mm, die Hubzahlen betragen 120 in der Minute, die Hubhöhe ist überall 10 mm. Das die Kolbenbewegung bewirkende Exzenter ist bei allen Setzmaschinen als Differenzialexzenter ausgebildet, sodaß die Hubhöhe innerhalb bestimmter Grenzen veränderlich ist. Während die 3 ersten Grobkornsorten unmittelbar auf Entwässerungssiebe und von diesen in die Verladetaschen gelangen, werden Nuß III und Feingries vorher gemeinsam in besondere Trockensümpfe niedergeschlagen, aus denen sie nach 20stündigem Stehen mit 11 v. H. Wassergehalt abgezogen werden. Hierfür ist unter den Trockensümpfen eine auf einem Gestell fahrbar angebrachte Rutsche vorhanden, über welche die Kohle auf ein Kratzband fällt, von dem sie durch ein Becherwerk auf die Verladetaschen gehoben wird. Die Verteilung in diese geschieht mittels eines wagerechten Bandes durch Abstreicher.

Der Bergeaustrag erfolgt in der allgemein üblichen Weise. Die Klärung der Waschwasser ist für die mit den Bergen gehenden Trüben von der der übrigen Wasser getrennt. Die letzteren — in der Hauptsache die von den Entwässerungssieben und aus den Trockensümpfen kommenden Schlammwasser — gelangen in gemauerte Spitzkästen, klären dort ab und werden als waschklar den Setzkästen wieder zugepumpt. Die verdickten Schlämme kommen auf 2 Köhlsche Siebe, deren jedes 0,9 cbm Trübe in der Stunde verarbeitet. Die gewonnene Feinkohle hat im Durchschnitt 9 v. H. Aschengehalt; die mit den Sieben erzielten Mengen sind bisher noch nicht festgestellt worden.

Das Waschergebnis eines Jahres zeigt nachfolgende Aufstellung. Es wurden in 1902 erzielt:

Würfel . . .	12 690 t	mit	4,8	v. H.	Asche,
Nuß I . . .	12 346 t	„	5,5	„	„
Nuß II . . .	38 617 t	„	8,2	„	„
Nußgries . .	67 257 t	„	9,7	„	„
Schlämme . .	4 542 t (zur Halde)	30,5	„	„

$$\overline{135\ 452\ t.}$$

Der Gesamtwaschverlust beträgt durchschnittlich 18 v. H.

6. Die Grobkornwäschen.

Die Grobkornwäschen sind eine Eigentümlichkeit des Saarbrücker Bezirks, die sich, wie schon oben erwähnt, aus der geschichtlichen Entwicklung des Wäschebetriebes erklärt. Sie sind durchweg erst im letzten Jahrzehnt errichtet und ihr Zweck geht hauptsächlich dahin, die in der Förderung erfallenden Stücke zwischen 35 und 80 mm einer besseren Aufbereitung zu unterwerfen, als sie durch die Lesearbeit beim Verladen der auf 35 mm abgesiebten I. Sorte zu ermöglichen war. Die Darstellung des Waschgutes für die Grobkornwäschen kann in der Weise erfolgen, daß das Rättergut auf Doppelsieben mittels mehrerer Rätter in 3 Sorten, Korn über 80 mm, 80—35 mm und unter 35 mm, abgesiebt wird, wovon die erste als Stückkohle zur Bahnverladung kommt, während die Korngrößen zwischen 80 und 35 mm dem Wäschebetrieb, der Gries (III. Sorte) den Privathüttenwerken unmittelbar zugeführt wird. Sie läßt sich aber auch in der Weise erzielen, daß die gesamte Förderkohle zunächst in Stückkohle und Kleinkohle unter 80 mm getrennt wird; die letztere geht dann einer Vorratsgrube zu, aus der das Aufgabe-Becherwerk die Kohle der Wäsche zu hebt, woselbst das Absieben des zu waschenden Grobkorns stattfindet, während die Grieskohle unter 35 mm in besondere Vorratstürme gelangt und von hier aus den Abnehmern zugeführt wird. Ersteres Verfahren vermeidet ein unnötiges Heben der Grieskohle, deren Verladehöhe meist wesentlich tiefer liegt, als der Aufgabepunkt für die Kohlenwäsche; bei letzterer Anordnung ist die Schonung der größeren Stücke des abgesiebten Rättergutes besser, da diese stets in die weiche Feinkohle eingebettet sind. Je nachdem dem einen oder dem andern Gesichtspunkt die wesentlichere Bedeutung beigemessen worden ist, sind die bestehenden Anlagen entweder mit Doppelsieben auf den Rätterhallen oder für nachträgliche Absiebung des Grobkorns eingerichtet. In der ersteren Art sind die Grobkornwäschen der Gruben Dudweiler, Heinitz und Dechen gebaut, während bei der Anlage der Gruben König und Maybach und bei der im Bau befindlichen Altenwalder Wäsche die letztere Einrichtung gewählt ist.

In sämtlichen Grobkornwäschen werden nur zwei Sorten gewaschen, Würfel (80—55) und Nuß I (55—35).

Außer den vorgenannten Fettkohlengruben des Saarbezirks besitzt auch die auf der hangenden Saarbrücker Flözpartie, den Magerkohlenflözen, bauende Grube Schwalbach eine Grobkornwäsche. Eine solche ist hier deshalb gewählt, weil die Grube für ihre III. Sorte bisher stets flotten Absatz zu lohnenden Preisen fand, doch ist neuerdings beabsichtigt, die Anlage zu einer Vollwäsche auszubauen. Die von Grube Schwalbach gewählte untere Grenze des Grobkorns ist 21 mm, die obere 70 mm. Außer den bei den Fettkohlenwäschen hergestellten zwei Sorten wird hier noch eine weitere Nußsorte (32—21 mm) dargestellt.

Die Anordnung dieser auf dem Eisenbahnschacht der Grube Schwalbach erbauten Wäsche, die von der Firma Schüchtermann & Cremer im Jahre 1900 geliefert ist, geht aus Fig. 1—4 Taf. 8 hervor. Die auf Doppelsieben in der Rätterhalle abgesiebte Grobkornkohle wird mittels des Förderbandes B dem Aufgabebecherwerk A zugeführt, das sowohl die Kohle unmittelbar von dem Band B aufnehmen wie auch aus der etwa 250 t fassenden Becherwerksgrube C schöpfen kann. In letzterer läßt sich die Grobkornkohle einer ganzen Tagesförderung bei etwaigen Stillständen der Wäsche aufspeichern, ohne daß der Rätterbetrieb eine Störung erfährt. Das Absieben der Kohle in die verschiedenen Kornsorten erfolgt auf einem Laueschen Schwingsieb vom kleineren zum größeren Korn. Das Sieb hat bei einer Breite von 1,3 m eine Baulänge von 7,3 m, wovon der oberste Teil von 3,0 m Länge eine Lochung von 21 mm besitzt, sodaß die etwa mitkommende Grieskohle und der in der Vorratsgrube sich bildende Abrieb zunächst abgeschieden werden. Die abgesiebte Grieskohle gelangt, ohne weiter aufbereitet zu werden, mittels zweier Förderschnecken zu den ersten der fünf vorhandenen Verladetaschen und wird hier zusammen mit dem aus dem Rätterbetrieb erfallenden Gries verladen. Die auf die anderen Kohlensorten entfallenden Sieblängen betragen 2,10 und 2,00 m, ihre Lochungen sind 35 und 55 mm, sodaß der Durchfall des 1. Siebes Nuß II (21—35 mm), der des 2. Siebes Nuß I und der Austrag die Würfelkohle ergibt. Für letztere beiden Sorten ist je eine Setzmaschine, für die erstere sind deren zwei unmittelbar unter dem Sieb aufgestellt. Für alle drei Maschinen beträgt die Hubzahl des Wasserkolbens 52 in der Minute, die Hubhöhe 330 mm. Die gewaschene Kohle gelangt in hölzernen Lutten mit dem Waschwasser nach den vier Verladetaschen von je 25 t Inhalt, über denen die Entwässerungssiebe und das zum Sammeln des abgezogenen Wassers erforderliche Gefluter angeordnet sind. In die Verladetaschen sind zur möglichsten Schonung der gewaschenen Kohle Wendelrutschen (siehe Fig. 2 Taf. 8) eingebaut. Die Entleerung der Taschen erfolgt in einfachster Weise durch Verladerutschen, die sich mittels eines Handrades heben und senken lassen. Das von den Entwässerungssieben kommende Wasser vereinigt sich in einem unter den Setzmaschinen angeordneten Klärsumpf von ungefähr 50 qm Oberfläche, aus dem ein Becherwerk mit 7 mm Lochung die sich niederschlagenden Kohlenteilchen in die Vorratsbehälter austrägt, von wo sie in Wagen abgezogen und zu den Kesselhäusern gebracht werden. Das überfließende, waschklare Wasser wird durch eine Kreiselpumpe den Setzmaschinen wieder zugehoben. Die Waschberge werden mittels Förderschnecke dem Bergebecherwerk und durch dieses dem Bergebehälter zugeführt. Eine besondere Klärung des

in dem unteren Teil der Setzkästen befindlichen Wassers findet nicht statt, auch die Erneuerung des Waschwassers erfolgt täglich nur einmal in der Weise, daß das gebrauchte Wasser in einen großen Klärteich außerhalb der Wäsche abgelassen wird, wo sich die Tonschlämme absetzen.

Das Ergebnis des Wäschebetriebes ist bei einer stündlichen Leistung von 35 t und achtstündiger Betriebszeit etwa 250 t täglich, wovon 9 bis 14 v. H. als Würfel, 25—34 v. H. als Nuß I und 35—45 v. H. als Nuß II und etwa 20 v. H. als Waschverlust fallen. Das Ergebnis an Gries unter 21 mm wechselt zwischen 16 und 20 v. H. des aufgegebenen Waschgutes.

Der Antrieb der Wäsche erfolgt durch eine 80 pferdige einzylindrige Dampfmaschine mit Muschelschiebersteuerung der Firma Schüchtermann & Cremer. Eine gleiche, daneben liegende Maschine besorgt den Antrieb der Rätteranlage; ihre Aufstellung ist so getroffen, daß im Falle einer Betriebsstörung an der Rättermaschine die Wäscheantriebsmaschine den Betrieb der Rätterhalle übernehmen kann.

Eine der neuesten Grobkornwäschen des Bezirks ist die in Taf. 9 Fig. 1—3 wiedergegebene Wäsche bei Schacht III der Grube Heinitz von 40 Tonnen stündlicher Leistung, welche im Jahre 1902 von der Firma Baum in Herne geliefert worden ist. Sie ist deshalb bemerkenswert, weil sie die erste mit elektrischem Antrieb ausgerüstete Wäsche des preußischen Saargebiets ist. Ihr entspricht fast genau die von derselben Fabrik gelieferte Grobkornwäsche der Grube Dechen.

Die auf vier Doppelsieben in der Rätterhalle abgesiebte Kohle von 35—80 mm Korn gelangt mittels eines Förderbandes zu der bei der Wäsche gelegenen, etwa 100 t fassenden Vorratsgrube, wird von einem Becherwerk auf eine Baumsche Doppeltrommel gehoben und auf dieser in Würfel, Nüsse und Grieskohle geschieden. Letztere gelangt in eine unter der Trommelummantelung abgehende Lutte und wird außerhalb der Wäsche in Wagen abgezogen; von dort geht sie mit der von den Rättern kommenden III. Sorte zusammen zu den verschiedenen Grieskohlenabnehmern, ohne weiter aufbereitet zu werden. Die beiden abgesiebten Kornsorten werden auf je eine Baumsche Setzmaschine ausgetragen. Die Setzsiebe haben 1,8 m Breite und 3,0 m Länge, also je 5,4 qm Setzfläche. Eine Setzmaschine leistet in der Stunde 20 t. Der für die Wasserbewegung in den Setzkasten angewendete Luftdruck entspricht 1600 mm Wassersäule. Der damit zu erzielende Hub ist zwischen 160 und 200 mm veränderlich. Für die Lagerung der gewaschenen Kohle sind vier Baumsche Fülltaschen von je 60 t Inhalt vorhanden, zwei für jede Grobkornsorte. Das Waschwasser wird den Kohlen durch ein über den Taschen angeordnetes Aufschlagsieb entzogen und geht zur Hauptpumpe, um zu den außerhalb der Wäsche in vier Abteilungen angelegten Klärbehältern gehoben zu werden, deren Sohle

2,5 m über dem obersten Boden der Wäsche gelegen ist, sodaß das geklärte Wasser den Setzmaschinen frei zufließt. In den Behältern schlagen sich die mitgeführten feinen Kohlenteilchen sowie die Schlämme nieder; die ersteren werden zur Kesselheizung verwertet, während die letzteren von Zeit zu Zeit in die großen talabwärts gelegenen Klärteiche abgelassen werden. Der Bedarf an Frischwasser beträgt täglich rund 50 cbm, welche von der unterirdischen Wasserhaltung der Grube geliefert werden. Die gesamte für den normalen Wäschegang erforderliche Wassermenge wird zu 390 cbm angegeben, beträgt also rund das Zehnfache der stündlichen Leistung der Wäsche.

Die Berge werden in der üblichen Weise mittels Förderschnecke und Schieferbecherwerk einem Bergetrichter zugehoben, aus dem sie in Förderwagen abgezogen werden. Der Gesamtbergeabgang beträgt im Durchschnitt 15 v. H.

Für den Antrieb der Wäsche sind zwei Elektromotoren aufgestellt, von denen der eine die Siebtrommel, die Setzmaschinen, die Pumpen, das Gebläse und das Schieferbecherwerk mit einem Gesamtkraftverbrauch von 85 PS betreibt, während für die Bewegung des Aufgabebecherwerks ein zweiter Elektromotor von 15 PS effektiver Leistung vorhanden ist.

Für die Bedienung der Wäsche sind zwei Mann in jeder Schicht ausreichend, jedoch muß das Wegfahren der Berge und der Grieskohle sowie das Beladen der Bahnwagen aus den Fülltaschen durch besondere Leute erfolgen.

Die monatlichen Wäschekosten (Löhne und Materialien) der beiden sich im wesentlichen völlig entsprechenden Wäschen Heinitz und Dechen sind nachstehend zusammengestellt:

	Geldbetrag	Dargestellte Wascherzeugnisse	auf 1 t	Geldbetrag	Dargestellte Wascherzeugnisse	auf 1 t
	M.	t	Pfg.	M.	t	Pfg.
		Heinitz			Dechen	
Löhne der Wäscher, Berg- und Griesfahrer, Wagenlader und Wiegemeister .	951,82	} 5 800	16,8	604,86	} 4 046	16,2
Verbrauchte Materialien	23,78			51,07		

B. Die Verkokung.

1. Geschichtliches und Allgemeines über den Kokereibetrieb im Saarrevier.

Den Ausgangspunkt für die Verkokung der Steinkohle im Saargebiet bildete in der Mitte des 18. Jahrhunderts die Nutzbarmachung der sich aus der Kohle entwickelnden flüchtigen Bestandteile, während die Verwertung des Rückstandes der „trocken ausgelaugten und von Harz und Schwefel gereinigten" Kohlen erst später in den Vordergrund trat.*) In jener ersten Zeit war die Gewinnung von Ruß, Öl und Teer aus den Destillationserzeugnissen der Kohle die Hauptsache. Sie wurde vorzugsweise auf zwei Werken, der Rußhütte bei Malstatt (heutige Ortschaft Rußhütte) und der Harzfabrik nebst Rußhütte bei Sulzbach betrieben. Aber schon bald erkannte man, daß der bei der Destillation der Kohle verbleibende Rückstand „zum Eisenerzschmelzen" gebraucht werden könne, und ausgedehnte Versuche auf der Sulzbacher Eisenschmelze ergaben auch schon nach kurzer Zeit eine brauchbare Ofenform, bei der außer Koks auch Teer und Öl gewonnen wurde. Es steht fest, daß im Saarrevier bereits 1765 Koks im großen dargestellt wurde und. mit diesem Koks bereits im Jahre 1767 ein regelmäßiger Eisenhochofenbetrieb zu Sulzbach stattgefunden hat.**) Die Gewinnung von Koks aus Steinkohle im Saargebiet ist älter als die irgend eines anderen Kohlenbezirks des Festlandes, und nur in den englischen Kohlengebieten war die Koksdarstellung schon früher bekannt.

Mit Anfang der 80er Jahre des 18. Jahrhunderts trat an Stelle der anfänglich gebräuchlichen Koksdarstellung in geschlossenen Öfen die Verkokung in offenen Meilern, da um diese Zeit die Nachfrage nach Koks bereits sehr lebhaft geworden war, sodaß die Nutzbarmachung der Nebenerzeugnisse ganz in den Hintergrund trat. Die Meiler waren runde Roststätten mit niedrigen, steinernen Umfassungsmauern. Auf einem Meiler

---

*) Vergl. Haßlacher, Geschichtl. Entwicklung des Steinkohlenbergbaus im Saarrevier. Zeitschr. f. d. Berg-, Hütten- u. Salinenwesen, Band 32, S. 461 ff. und Teil II des vorl. Werks.

**) Vergl. Haßlacher, a. a. O. S. 464. Dieser Betrieb wurde 1776 eingestellt.

von 12 Fuß Durchmesser wurden 5 Fuder = 150 Ztr. Steinkohle verkokt.
Zu jener Zeit war es ausschließlich die Grube Dudweiler-Sulzbach, welche
Kokereibetrieb hatte, und zwar wurde dieser von den Abnehmern selbst
auf eigene Kosten geführt.

Vom Beginn der preußischen Verwaltung im Saarrevier im Jahre 1815
bis zum Jahre 1852 erfolgte die Koksdarstellung nur noch auf Rechnung
der staatlichen Gruben. Während zu Anfang dieser Zeit die Meilerver-
kokung ausschließlich in Anwendung stand, kamen nach und nach andere
Ofenarten in Aufnahme, so der „Burgundische Ofen", der neue englische
Ofen, der Appoltsche und der Schaumburger Ofen (sog. Bienenkorbofen),
von denen die beiden letzteren erst durch den Haldyschen und danach
durch den jetzt noch gebauten François-Rexrothschen Ofen verdrängt
wurden. Größerer Kokereibetrieb fand um 1850 nur auf den Gruben
Dudweiler, Altenwald, Heinitz und König statt.

Mit der starken Zunahme des Koksabsatzes zu Anfang der 1850er
Jahre, welche im besonderen durch die Eröffnung und Ausdehnung der
Eisenbahnen des Saarreviers bedingt war, wurde die Verkokung der Saar-
kohle auch von Privatunternehmern wieder aufgenommen. So entstanden
zunächst in den Jahren 1852 und 1853 die Koksanstalten der Firma
de Wendel und der französischen Ostbahn zu Grube Dudweiler sowie die
Anlage der Gebr. Haldy zu Altenwald. Hierzu traten in den Jahren 1862,
1863 und 1867 die Koksanstalten der Firmen Lamarche & Schwarz zu
Grube Dechen, Schmidtborn & Röchling (später F. Mansuy) zu Grube
Heinitz und Dupont & Dreyfuß zu Malstatt. Auch bei der bayerischen
Grube St. Ingbert hat vorübergehend eine Koksofenanlage bestanden.
Gleichzeitig begannen auch die Eisenhüttenwerke des Saarreviers zur Anlage eigener Kokereien überzugehen. Es entstand zunächst die Koksanstalt
der Burbacher Hütte (1857). Dieser folgte 1869 die Dillinger Hütte, später
das Neunkirchener Eisenwerk und die Halberger Hütte. Die Anlage der
Dillinger Hütte wurde nach kurzer Betriebsdauer wieder eingestellt, ebenso
kamen die Koksanstalten der französischen Ostbahn bei Dudweiler sowie
die staatlichen Anlagen auf den Gruben Dudweiler, Altenwald und König
mit der Zeit zum Erliegen.

Ende 1903 bestanden im Saargebiet 8 Koksanstalten:

1. die Anlage der Firma de Wendel in Dudweiler,
2. die Anlage der Firma Gebr. Röchling bei Grube Altenwald,
3. die Anlage des Hüttenvereins Sambre und Mosel (früher Lamarche
   & Schwarz) zu Dechen,
4. die Anlage der Burbacher Hütte zu Burbach,
5. die Anlage der Halberger Hütte zu Brebach,
6. die Anlage des Eisenwerks von Gebr. Stumm in Neunkirchen,

7. die Anlage der Firma Gebr. Röchling in Völklingen,

8. die staatliche Koksanstalt*) der Grube Heinitz.

Die Entwicklung der Kokserzeugung von der ersten Hälfte des vorigen Jahrhunderts bis zum Jahre 1890 ist aus der nachfolgenden Tabelle ersichtlich:

Kokserzeugung bis 1890.

1830 . . .	2 610 Fuder**) =	4 035 t
1840 . . .	8 326 „ =	12 500 t
1842 . . .	15 537 „ =	24 000 t
1850 . . .	44 660 „ =	69 000 t
1853 . . .	83 337 „ =	129 000 t
1860		313 000 t
1869		377 100 t
1880		510 100 t
1883		598 500 t
1890		566 962 t

Über die Kokserzeugung von 1893—1902 gibt die Tabelle Anlage IV Aufschluß.***)

Die Zahl der für die Koksdarstellung im Betrieb gewesenen Öfen ist für die einzelnen Jahre nicht mehr festzustellen. Nach Haßlacher†) waren vorhanden im Jahre 1842 151 Öfen, wovon 142 geschlossene Öfen und 9 Meiler waren. Am Schluß des Jahres 1853 betrug die Zahl der Öfen bereits 547, von denen 394 geschlossene und 153 offene (Schaumberger) Öfen waren. Im Jahre 1889 war die Zahl der betriebsfähigen Öfen etwa 1500, während Ende 1903 im ganzen Saarrevier 1967 Koksöfen im Betrieb standen, von denen 242 die Nebenerzeugnisse gewannen. Die gesamte Kokserzeugung dürfte im Jahre 1903 zum erstenmal 1 Million t überstiegen haben.

Die weitaus größte Menge der Kokserzeugung fällt auf die Hüttenkokereien, welche ihre Erzeugnisse im eigenen Betriebe verwerten, während an Handelskokereien seit dem 1. April 1903 nur noch die staatliche Koksanlage zu Heinitz besteht.

2. Die Verkokungsfähigkeit der Saarkohle.

Die Verkokungsfähigkeit der einzelnen Flözpartien des Saarbeckens läßt die nachstehende von Schondorff††) aus einer größeren Anzahl von

---

*) Zu ihr gehört seit 1. April 1903 auch die frühere Anlage von F. Mansuy bezw. Montangesellschaft Lothringen-Saar.

**) 1 Fuder = 1546 kg.

***) Vergl. auch Teil IV des vorliegenden Werkes.

†) A. a. O. S. 505.

††) Vergl. Dr. Schondorff, Koksausbeute und Backfähigkeit der Steinkohlen des Saarbeckens. Zeitschr. für Berg-, Hütten- u. Salinenwesen, Band 23, S. 135 ff.

Durchschnittsproben zusammengestellte Tabelle erkennen, denen vergleichsweise auch die entsprechenden Werte der westfälischen Kohle gegenübergestellt sind.

Kohlenart	Gehalt an Kohlenstoff (bei 90° getrocknete aschenfreie Kohle) v. H.	Gehalt an disp. Wasserstoff v. H.	Aschengehalt v. H.	Gas-Ausbringen aus 100 kg lufttrockener roher Kohle bei 10° C. und Normaldruck cbm	Lichtstärke	Koksausbringen aus der aschefreien Kohle (Mittelwerte) bei 90° getrocknet nach Gasch v. H.	Lufttrocken nach Schondorff v. H.	Beschaffenheit des Koks (Backfähigkeit der Kohle)
Saargebiet. I. Hangende Flözpartie . .	75,33—76,92	2,29—2,38	7,94	23,063	4,80	63,11	62,37	Sandig.
II. Hangende Flammkohlenpartie	74,34—82,14	1,34—3,29	7,14	24,411	10,22	64,07	64,10	Sandig und zum kleinen Teil gesintert.
III. Liegende Flammkohlenpartie	73,64—84,38	1,83—3,65	6,77	25,908	11,77	63,41	63,14	Sandig, zum größeren Teil gesintert und schon etwas backend (Back-Sinterkohle).
IV. Fettkohlenpartie (liegende Flözpartie) . .	75,46—85,64		5,28	27,453	13,12	67,25	66,51	Ausnahmsweise Sand-, öfters Sinter-, vorzugsweise Backkohle.
Westfalen. I. Backende Gaskohlen (hangende Flözpartie) . .	79,22—85,80	4,14—6,56	5,35	27,8—28,3		50,38—70,00		Gesintert, gut gebacken u. mäßig geglüht.
II. Fett- oder Backkohlen (mittlere Flözpartie)	79,88—88,80	4,29—5,16	2,57—5,03	Geringer wie bei I.		71,74—82,66		Sämtlich gut geschmolzen, mäßig geglüht.
III. Magere bis anthrazitische Kohlen (Eß- und Sandkohlen, liegende Flözpartie) . .	89,51—94,54	3,05—4,90	2,42—3,91			83,35—91,00		Nicht gut geschmolzen, gesintert bis pulverförmig.

Die Flözpartien II, III und IV des Saargebiets sind als "mittlere Flözpartie" zusammengefaßt und ergeben "Keine Backkohle". Das Gas-Ausbringen der westfälischen Fett- oder Backkohlen und der mageren Kohlen ist "Geringer wie bei I."

Aus der Zusammenstellung geht hervor, daß die liegende Flözpartie des Saarreviers wegen des hohen Kohlenstoffgehaltes ihrer Kohle das höchste Koksausbringen unter den Saarkohlen aufweist, und daß nur dieser Flözhorizont einen technisch verwertbaren Koks liefert. Die Tabelle zeigt auch, daß die dem Saarbrücker liegenden Flözzuge in ihrer Backfähigkeit gleichkommende westfälische Fettkohlenpartie ein wesentlich höheres Koksausbringen hat, da deren Gehalt an Kohlenstoff beträchtlich höher ist als der der Saarbrücker Fettkohle; letztere hat dagegen durchweg ein höheres Gasausbringen.

Eine genaue Grenze des Vorkommens der zur Verkokung geeigneten Saarbrücker Fettkohle läßt sich nicht angeben, da einesteils die Fettkohlenflöze im Streichen mehrfach Verschiedenheiten in ihrer Backfähigkeit aufweisen, andererseits auch die liegendsten Flöze der Flammkohlenpartie bei hinreichender Verkokungshitze noch einen dichten Koks zu liefern vermögen. Für die Koksdarstellung im großen kommen aber nur die Flöze des liegenden Saarbrücker Flözzuges in Frage, unter denen, obschon sie nachgewiesenermaßen unter sich sehr verschieden bezüglich der Backfähigkeit und Koksausbeute sind, eine besondere Auswahl nicht getroffen wird. Zur Fettkohlenpartie werden 16—22 bauwürdige Flöze von 0,60 bis 3,00 m Mächtigkeit gerechnet; auf ihr bauen die Gruben Wellesweiler, König, Dechen, Heinitz, Altenwald, Sulzbach, Dudweiler, Maybach, Brefeld und Camphausen, in neuerer Zeit auch die Grube Reden. Neue Fettkohlenanlagen sind in der Entwicklung begriffen bei Jägersfreude, Geislautern, Louisenthal und Von der Heydt.

Auch die Kohlen der unter der Fettkohlenpartie folgenden sogenannten Rothöller Flözgruppe sind als Kokskohle geeignet. Zurzeit baut auf denselben nur die Kgl. bayrische Grube St. Ingbert, eine Verkokung der daselbst geförderten Kohle findet jedoch jetzt nicht mehr statt.

Über die Zusammensetzung der Kohle der Grube St. Ingbert und die damit in der chemisch technischen Versuchsanstalt zu Karlsruhe erzielten Verkokungsergebnisse gibt nachstehende Tabelle Aufschluß, der die einzelnen, im Aufbereitungsgange dieser Grube erfallenden Kohlensorten zugrunde gelegt sind.

Der erzielte Koks wurde teils als „grauglänzend, zusammengebacken", teils als „grauglänzend aufgebläht" bezeichnet. Die von der Kgl. bayrischen Grube St. Ingbert neuerdings aufgeschlossenen sogenannten „neuen Rothöller Flöze" sind auf ihre Verkokungsfähigkeit im großen noch nicht untersucht. Eine Laboratoriumsprobe ergab 62 v. H. Koksausbringen.

Die chemischen Vorgänge bei der Verkokung der Kohle sind noch wenig erforscht, doch haben alle bisher angestellten Untersuchungen ergeben, daß sich bestimmte Schlüsse aus der chemischen Analyse auf Verkokungsfähigkeit und Koksausbeute einer Kohlensorte nicht ziehen

1.	2	3.	4.	5.	6.	7.	8.	9.	10.	11.	12.	13.	14	15.	16.
No.	Bezeichnung	Zusammensetzung der lufttrockenen Kohle						Brennbare Substanz	Zusammensetzung der wasser- und aschenfreien Substanz				Koks-Ausbeute	Fixer Kohlenstoff	Flüchtige Bestandteile
		Kohlenstoff C	Wasserstoff H	Sauerstoff und Stickstoff O u. N	Schwefel S	Wasser	Asche		Kohlenstoff C	Wasserstoff H	Sauerstoff und Stickstoff O u. N	Schwefel S			
1.	Gasstückkohle	81,49	4,99	8,31	0,65	1,73	2,83	95,44	85,38	5,23	8,71	0,68	68,46	65,63	29,81
1a.	Desgl.	80,89	5,32	7,19	1,09	2,03	3,48	94,49	85,61	5,63	7,61	1,15	69,27	65,79	28,70
2.	Gaswürfel . .	80,67	5,05	8,14	0,64	1,73	3,77	94,50	85,37	5,34	8,61	0,68	68,94	65,17	29,33
2a.	Desgl.	80,38	4,99	8,16	0,68	2,07	3,72	94,21	85,32	5,30	8,66	0,72	68,57	64,85	29,36
3.	Gasnuß I . . .	79,96	5,19	8,27	0,61	1,82	4,15	94,03	85,04	5,52	8,79	0,65	67,02	62,87	31,16
3a.	Desgl.	79,64	5,27	7,47	1,10	1,80	4,72	93,48	85,19	5,64	7,99	1,18	66,19	61,47	32,01
4.	Gasnuß II . .	76,66	5,11	8,15	1,07	1,71	7,30	90,99	84,25	5,62	8,96	1,17	63,40	61,10	29,89
4a.	Desgl.	80,14	4,91	7,33	1,08	2,08	4,46	93,46	85,75	5,25	7,54	1,16	67,78	63,32	30,14
5.	Gries	67,76	4,19	7,11	1,06	1,67	18,21	80,12	84,57	5,23	8,88	1,32	73,45	55,24	24,88

lassen.*) Die Brauchbarkeit einer Kohle zur Verkokung, also ihre Ver-kokungsfähigkeit, hängt hauptsächlich von ihrer sogenannten Schmelz-barkeit ab, d. h. der Fähigkeit, in der Hitze mehr oder weniger zu backen und einen hinreichend zusammenhängenden Rückstand zu geben. Diese Schmelzbarkeit steht in gewissen Beziehungen zu dem Gehalt an flüchtigen Bestandteilen in der Kohle, und Simmersbach gibt an, daß sie etwa an einem Gehalt von 5—6 H, 10 O und 4 freien H, sowie an das spezifische Gewicht 1,35 gebunden ist; doch können diese Zahlen nicht als allgemein gültige Regel angenommen werden. Als feststehend kann jedenfalls nur gelten, daß für die Verkokungsfähigkeit einer Steinkohle die Anwesenheit gewisser aus H, O und C bestehenden chemischen Verbindungen Be-dingung ist. Doch scheinen außer der chemischen Zusammensetzung noch andere Umstände, beispielsweise das Gefüge der Kohle, auf ihre Schmelz-barkeit von wesentlichem Einfluß zu sein.

Auf die Koksausbeute ist der Gehalt der Kohle an freiem (disponiblem) Wasserstoff erwiesenermaßen von wesentlichem Einfluß, da dieser mit einem Teil des Kohlenstoffs flüchtige Kohlenwasserstoff-verbindungen eingeht, wodurch dem verbleibenden Rückstande — dem Koks — Kohlenstoff entzogen wird. Da schon in dem kohlenärmsten Kohlenwasserstoff, dem CH_4, der C-Gehalt 75 v. H. beträgt, so ergibt

---

*) Vergl. v. Simmersbach, Grundlage der Kokschemie, Berlin 1895, S. 17 ff.

sich, daß freier Wasserstoff beträchtliche Gewichtsmengen von C verflüchtigen kann, mithin ungünstig auf die Koksausbeute einwirken muß, daß dieser dagegen naturgemäß die Gasausbeute erhöht. Vermindernd wirkt auf die Koksausbeute auch ein hoher Sauerstoffgehalt, da er dem Verkokungsvorgang insofern Schwierigkeiten bereitet, als er zu Beginn der Verkokung zu starker Gas- und Rauchentwicklung Anlaß gibt, die dem Ofenbetrieb schädlich ist. Die Koksausbeute wird theoretisch auch durch den Gehalt der Kohle an hygroskopischem Wasser beeinträchtigt, da dieses zu seiner Verdampfung beträchtliche Wärmemengen verbraucht, wodurch die Entgasung verzögert wird. Doch hat dieser Umstand für die Praxis keine Bedeutung, da im Kokereibetriebe die Kohle immer mit einem wesentlich höheren, als dem hygroskopischen Wassergehalt eingesetzt wird. Letzteres geschieht, um eine feste Lagerung der Kohlenteilchen und infolgedessen eine bessere Schmelzung des Kokskuchens herbeizuführen. Der höhere Wassergehalt der eingesetzten Kohle hat auch noch die Wirkung, daß im Ofenbetrieb eine allmähliche Steigerung der Hitze und eine langsame Entgasung der Kohle stattfindet, wodurch wieder einem vorzeitigen Schmelzen der Kohle vor der vollständigen Entgasung vorgebeugt wird.

Außer durch diese, mehr oder weniger gegebenen Umstände wird die Verkokungsfähigkeit und die Koksausbeute der Kohle noch durch ihren Aschengehalt und die Art des Verkokens bezw. durch die Verkokungseinrichtungen selbst beeinflußt. Beim Verkoken macht sich der Einfluß der Asche insofern geltend, als diese ganz zurückbleibt und sich daher im Koks in angereichertem Zustande vorfindet. Die Koksausbeute nimmt daher mit zunehmendem Aschengehalt zu, auch aus dem Grunde, weil die Asche als schlechter Wärmeleiter eine Erniedrigung der Verkokungstemperatur veranlaßt.

Für die Saarkohle hat der Aschengehalt noch insofern Bedeutung, als er die Backfähigkeit der Kokskohle erhöht, indem die an sich schlecht backenden Kohlenteilchen durch das Flußmittel der Asche, die meist aus basischen Tonerdesilikaten besteht, zu einem dichten, gut aussehenden Koks von erhöhter Festigkeit zusammengekittet werden. Andererseits beeinträchtigt naturgemäß ein hoher Aschengehalt des Koks wesentlich seine Verwendbarkeit im Hüttenbetrieb, da er in erster Linie ein möglichst kohlenstoffreicher Brennstoff sein soll.

Die zu wählende Grenze des Aschengehalts bestimmt sich daher nach praktischen Gesichtspunkten, einmal nach der Möglichkeit, die Kohle ohne zu große Kohlenverluste möglichst aschenrein aufzubereiten und dann nach der für den Hüttenbetrieb erforderlichen Festigkeit des Koks bei möglichst niedrigem Aschengehalt.

Wenn man nach diesen Gesichtspunkten die Saarbrücker Fettkohle untersucht, so ergibt sich, daß sie hinsichtlich ihrer Verkokungsfähigkeit der besten Kokskohle anderer Bezirke wenig nachsteht, wenn sie auch ihren höheren Gehalt an flüchtigen Bestandteilen noch mehr als Gaskohle, wie als Fettkohle anzusprechen ist. Dieser höhere Gehalt an flüchtigen Bestandteilen hat nur den Nachteil, daß er auf die Koksausbeute ungünstig einwirkt, welche bei der Saarfettkohle nicht höher, als mit 53 bis 57 v. H., bezogen auf feuchte Rohkohle, angenommen werden darf, während beispielsweise bei der westfälischen Fettkohle der entsprechende Satz 65—70 v. H. beträgt.

Was den Aschengehalt des Saarkoks betrifft, so kann man als obere Grenze für das zum Verkauf kommende Produkt im allgemeinen 12 v. H. annehmen, wogegen die für den eigenen Hüttenbetrieb arbeitenden Kokereien mit Rücksicht auf ein besseres Gesamtausbringen meist einen höheren Aschengehalt im Koks zulassen. Gegenüber den für westfälischen Koks angegebenen Zahlen, die sich zwischen 6 und 10 v. H. bewegen, erscheint daher der Aschengehalt des Saarkoks ungünstig hoch, wofür in erster Linie die an sich aschenreichere Saarbrücker Kohle (5 bis 6 v. H. in der reinen Kohle gegen durchschnittlich 2—5 v. H. in Westfalen) verantwortlich zu machen ist.

Im übrigen steht der Saarkoks an Güte dem westfälischen nur wenig nach. Insbesondere entspricht seine Festigkeit seit Einführung des Stampfbetriebs allen Anforderungen und kann jedenfalls den Vergleich mit westfälischem Koks sehr wohl vertragen, wie nachstehende Tabelle dartut:

Koks von Zeche	Druckfestigkeit kg	Koks von Zeche	Druckfestigkeit kg
Zollverein	158	Holland	119
Obernkirchen . . .	99	Berneck	158
Schlägel & Eisen . .	200	Achenbach	237
Mansfeld	140	Heinitz { gestampft .	120—140
Minister Stein . . .	89	Heinitz { ungestampft	60—80

Etwas ungünstiger stellt sich beim Saarkoks noch die Wasseraufnahme beim Ablöschen, indem diese durchschnittlich bis zu 8 v. H. ausmacht, während der Wassergehalt von westfälischem Koks nur 4—6 v. H. beträgt.

Eine vielumstrittene Frage bildete bei der Saarfettkohle noch bis vor kurzem ihre Verkokungsfähigkeit bei gleichzeitiger Verwertung der Nebenerzeugnisse, Teer und Ammoniak. Es hat an Bemühungen, das reiche Gasausbringen der Saarfettkohle im Kokereibetrieb besser, als lediglich durch Gewinnung der Abhitze zur Dampferzeugung zu verwerten, sowohl bei den staatlichen wie bei den Privatkoksanstalten nicht gefehlt. Die besonderen Betriebsverhältnisse der Saarkokereien, die zur Erzielung eines guten Hochofenkoks immer mit hohen Hitzegraden bei der Verkokung rechnen mußten, ließen die Übertragung der Erfahrungen anderer Bezirke auf die Saarkohle nicht ohne weiteres zu und die weitgehende Ausnutzung der Ofenabhitze, welche bestimmte, nicht unbedeutende Ersparnisse gewährleistete, stand den Bestrebungen zur Mitgewinnung der Nebenerzeugnisse stets hindernd im Weg, zumal nicht erwiesen war, ob nicht doch die Güte des Koks, vor allem seine Festigkeit, unter den veränderten Verkokungsbedingungen in den Nebengewinnungsöfen leiden würde. Dazu kam, daß in der Mitte der 90er Jahre eine Entwertung der bis dahin hochbezahlten Nebenerzeugnisse eintrat, die vor der Anlage von Teerkokereien, namentlich mit Rücksicht auf deren hohe Anlagekosten, zurückschrecken ließ. Der heutige Stand der Verkokung der Saarkohle unter Gewinnung der Nebenerzeugnisse ist in einem der folgenden Abschnitte besonders behandelt. Es darf jedoch hier schon festgestellt werden, daß die Frage der Verkokungsfähigkeit der Saarkohle bei Mitgewinnung der Nebenerzeugnisse heute als gelöst zu gelten hat, namentlich auch nach der Richtung, daß durch diese eine nennenswerte Verschlechterung des Koks nicht eintritt.

3. Die Koksofenarten des Saarbezirks.

Für die Wirtschaftlichkeit des Kokereibetriebes kommt in erster Linie die Koksausbeute in Frage, für welche außer der zur Verwendung kommenden Kohlen die Bauart des gewählten Ofens von Wichtigkeit ist. Neben der Rücksicht auf die Ausbeute sind aber bei der Wahl der Koksofenart noch andere Rücksichten betrieblicher und wirtschaftlicher Natur mitbestimmend, vor allem die Herstellungs- und Unterhaltungskosten des Koksofens, sodann auch seine Garungszeit bezw. seine mögliche Leistung auf eine Zeiteinheit und die Kosten der Bedienung, in neuerer Zeit auch die Frage der Nebenerzeugnisseverwertung. Da der letzteren ein besonderer Abschnitt zugewiesen ist, sollen im folgenden zunächst nur die Koksöfen ohne Gewinnung der Nebenerzeugnisse besprochen werden.

Von den verschiedenen, eingangs erwähnten Koksofenarten, welche auf kürzere oder längere Zeit früher im Saargebiet gebaut worden sind, steht gegenwärtig nur mehr der liegende Ofen mit senkrechten Gaszügen in Anwendung, welcher als François-Rexrothscher bezeichnet wird.

Der François-Rexrothsche Ofen unterscheidet sich von dem in Westfalen fast ausschließlich — neuerdings auch im Saargebiet — gebauten Coppée-Ofen in erster Linie durch die Beheizung der Sohlkanäle. Während

bei dem François-Rexrothschen Ofen die Heizgase aus den in den Ofen-
wänden angeordneten Zügen nur den Sohlkanal des eigenen Ofens durchziehen und dann sogleich in den Hauptgaskanal gelangen, sind bei dem
Coppéeschen System 2 Öfen immer in der Weise vereinigt, daß die Heizgase zweier Kammern durch die Pfeilerzüge in den Sohlkanal A (Fig. 33)
des einen Ofens zusammentreten, den sie der Länge nach durchziehen,
um vor den Öfen herum und in den Kanal B geführt zu werden, durch
den sie dann erst zum Hauptgaskanal gelangen.

Auch ist bei den Rexrothschen Öfen der Sohlkanal in der Regel
durch mehrere Zwischenwände in einzelne Längskanäle abgeteilt, sodaß
die Abgase zwei- bis dreimal unter der Ofensohle hin-
und herstreichen, während der Coppée-Ofen nur einen,
meist gewölbten, Sohlkanal von der Breite der Ofenkammer besitzt. Eine wesentliche Eigentümlichkeit
des François-Rexrothschen Ofens — nach seiner
Heimat auch vielfach als Saarbrücker Ofen bezeichnet
— ist die breite Form seiner Ofenkammer, welche
meist zwischen 1 und 1,2 m gewählt wird, während
der Coppée-Ofen durchweg nur 0,5—0,6 m Breite
aufweist. Man hat der breiten Ofenform eine besondere Bedeutung bei der Durchführung der Verkokung zugeschrieben, insofern als die für die
Schmelzung der Saarkohle erforderlichen Hitzegrade

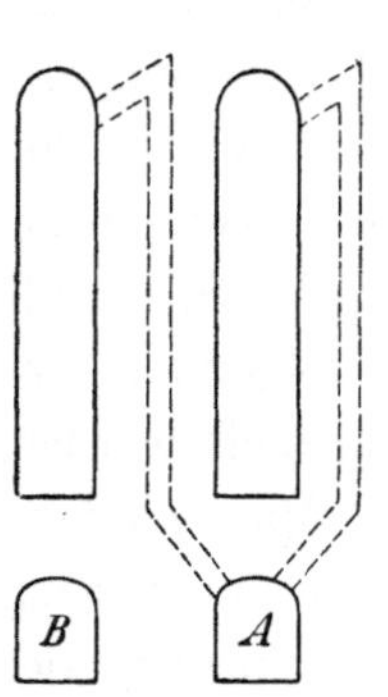

Fig. 33.

in dem breiten Ofen leichter und dauernder zu erhalten seien, als
in den schmalen Öfen und infolgedessen die breiten Kammern
einen besseren Koks ergäben. Daß die bei dem breiten Ofen mögliche,
größere Beschickungsmenge für bestimmte Abschnitte des Garungsvorganges
eine lebhaftere Hitzeentwicklung im Gefolge hat, kann allerdings als feststehend angenommen werden, da die Gasentwicklung namentlich in der
ersten Hälfte des Ofenganges sehr stark ist. Dieser größeren Hitzeentwicklung stehen aber als Nachteile gegenüber einmal die stärkere Ab-
kühlung des Ofens beim Einsetzen der Beschickung und dann der erhöhte
Abbrand infolge der bei breiten Öfen ungefähr um das Doppelte größeren
Berührungsfläche zwischen Kohle und Verbrennungsluft. Ein Vorzug der
breiten Öfen ist eigentlich nur insofern anzuerkennen, als der in ihnen erzielte Koks im ganzen großstückiger und ansehnlicher ist. Sonst ist aber
ein Unterschied zwischen dem in schmalen Coppée-Öfen und in den breiten
Saarbrücker Öfen erzeugten Koks, namentlich auch was seine Festigkeit
anbelangt, kaum zu finden, vorausgesetzt, daß die zur Verkokung gelangte
Rohkohle gleichartig ist. Für die Wahl des einen oder des anderen Ofens
ist bei den meisten Anlagen des Bezirks die Rücksicht auf die gesamten
Betriebs- und örtlichen Verhältnisse sowie persönliche Ansicht ausschlag-

gebend; beide Ofenarten bestehen daher auch, wie beispielsweise in Burbach, nebeneinander, ohne daß dem einen ein Vorzug vor dem andern
gegeben werden könnte. Das Neunkirchener Eisenwerk erzeugt seinen
gesamten Koks in schmalen Öfen, von denen der weitaus größte Teil die
Beheizung der Sohlkanäle nach Rexrothschem System bewirkt. Ein Unterschied in der Koksbeschaffenheit ist nicht zu bemerken.

Der François-Rexrothsche Ofen, wie ihn die staatliche Koksanlage zu
Heinitz schon seit vielen Jahren baut, ist auf Tafel 10 dargestellt. Er erhält 6 m Länge, 1,20 m Breite und 1,70 m Höhe
bis zum Gewölbescheitel. Die aus der Kohle
entweichenden Gase treten unmittelbar über den
Kohlenkuchen mit der durch die Schaulöcher
eintretenden Verbrennnngsluft zusammen, ent-
zünden sich und entweichen durch eine Anzahl Öffnungen (früher 8, jetzt 11), welche in
den Gewölbekämpfern des Ofens gelassen sind,
in die Zwischenwand zum Nachbarofen, fallen
in diese durch senkrechte Kanäle bis unter die
Ofensohle, welche sie in 3 Längskanälen durchziehen, und gehen dann durch ein besonderes
Schächtchen in den Hauptkanal der Ofengruppe.
Jeder Ofen heizt also eine Zwischenwand und
seine eigene Sohle, wobei zur Vermeidung einer
kalten Ofenwand am Ende der Gruppe die Heizgase von den beiden mittleren Öfen einer Gruppe
ab nach außen geführt werden, sodaß der
mittelste Ofenpfeiler, der an sich warm genug
bleibt, keine Kanäle erhält. Durch Abdecken
des in den Hauptgaskanal führenden Abfall-
schächtchens mittels einer Platte kann jeder einzelne Ofen für sich ausgeschaltet werden. Außerdem besitzen die Öfen Schieber in den Sohl-
kanälen, mit denen sich der Ofenzug regeln läßt.

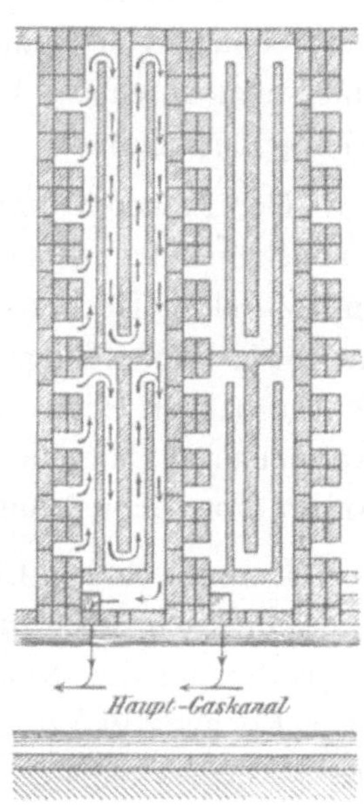

Fig. 34.

Eine abweichende Anordnung der Sohlkanäle, die aus Fig. 34 er-
kenntlich ist, hat sich auf der Dechener Koksanlage bewährt.

Der im allgemeinen der Heinitzer Ausführung entsprechende Ofen
der de Wendelschen Kokerei zu Hirschbach unterscheidet sich von ersterem
hauptsächlich durch die größere Anzahl der Wandkanäle (17) und durch
die wesentlich geringere Stärke der Ofenpfeiler, die einen heißeren Ofengang ermöglicht, aber an das feuerfeste Material erhöhte Anforderungen
stellt. Die Abmessungen des Ofens sind dort mit 8 m Länge, 1,20 m
Breite und 1,70 m Scheitelhöhe gewählt. Bei ihnen erfolgt die Zuführung

der Verbrennungsluft außer durch die Schaulöcher noch durch einen besonderen, mit dem oberen Teil der Saigerzüge durch Schlitze im Gemäuer in Verbindung stehenden, wagerechten Kanal, der von einem zum andern Ofenende durchgeht. Die Anordnung gestattet, die Luftzuführung durch die Schaulöcher zu beschränken und die Verbrennung der Koksofengase mehr ·in die Saigerzüge zu verlegen, wodurch einem stärkeren Abbrand des Kokskuchens vorgebeugt wird. Von anderer Seite wird dieser Einrichtung keine Bedeutung beigemessen, vielmehr der ausreichenden Luftzuführung im Ofen selbst das Wort geredet, bei der zwar ein Abbrand an der Oberfläche unvermeidlich ist, aber andererseits eben durch diese Verbrennung von Kohle große Hitze im Ofenraum erzeugt wird, welche, unterstützt durch die strahlende Wirkung des Ofengewölbes, die Verkokung günstig beeinflußt.

Der Francois-Rexrothsche Ofen steht ausschließlich auf den beiden staatlichen Kokereien in Heinitz, auf der Anlage des Hüttenvereins Sambre und Mosel zu Dechen sowie auf der de Wendelschen Kokerei zu Dudweiler in Anwendung, außerdem ist der überwiegende Teil der Koksöfen der Burbacher Hütte und ein Teil der Altenwalder Koksanlage nach dieser Art gebaut. Denselben Ofen, jedoch mit schmalen Kammern, weist die Anlage von Gebr. Stumm in Neunkirchen auf.

Der gewöhnlich Coppée-Ofen, nach seinem jetzigen Erbauer, Dr. Otto zu Dahlhausen, auch vielfach Otto-Ofen genannte Koksofen findet sich im Saarrevier auf den Koksanstalten der Halberger Hütte zu Brebach und der Gebr. Röchling zu Völklingen ausschließlich, während eine einzelne Batterie dieser Ofenart auf der Koksanlage der Burbacher Hütte errichtet ist.

Die Abmessungen der im Saarbezirk vorhandenen Coppée-Öfen sind aus der Anlage V ersichtlich. Die Zahl der Saigerzüge dieses Ofens wechselt, wie bei dem Saarbrücker Ofen, je nach der Länge der Ofenkammern, sie beträgt mindestens 7, höchstens 18. Die Höhe der Sohlkanäle wird meist zu 50 cm genommen, während deren Breite der Kammerbreite des Ofens entspricht. Der Kammer des Coppée-Ofens wird, um das Ausdrücken des garen Kokskuchens zu erleichtern, allgemein eine nach der Haldenseite sich um 2—8 cm verbreiternde Form gegeben; auch bei den Rexrothschen Öfen findet sich vereinzelt eine derartige Erweiterung zur möglichsten Vermeidung der Abnutzung der Pfeilerwände.

Bei beiden Bauarten sind die Öfen zur bestmöglichen Ausnutzung der Wärme untereinander zu Gruppen von etwa 12—60 Öfen zusammengefaßt, zwischen denen Mauerpfeiler zur Aufnahme des seitlichen Druckes eingeschaltet sind. Mehrere Gruppen bilden eine Batterie, die von einer gemeinsamen Ausdrückmaschine bedient wird. Bei den Koksöfen gewöhnlicher Art fallen die zur Heizung des Ofens verwendeten Abgase in

einen gemeinsamen, meist an der Maschinenseite verlaufenden Gaskanal. Zur Erzeugung des erforderlichen Zuges stehen diese Gaskanäle mit Essen in Verbindung, wobei zwischen Esse und Gaskanal vielfach Dampfkessel zur Ausnutzung der Abhitze eingeschaltet sind. Vergleiche das nähere hierüber in Abschnitt 6. Zur Regelung des Zuges dienen Schieber, welche allgemein kurz vor Eintritt der Abgase in die Esse angeordnet sind. Die Erzeugung künstlichen Zuges mittels Exhaustoren, die früher vereinzelt anzutreffen war, steht nicht mehr in Anwendung, sie tritt jedoch in anderer Form wieder bei den unten zu behandelnden Nebengewinnungsöfen in Erscheinung.

Auf der staatlichen Anlage zu Heinitz haben zur Bestimmung der im Ofengang auftretenden Temperaturen während einer längeren Betriebszeit Messungen mit dem L. Châtelier-Heraeusschen Pyrometer an verschiedenen Stellen einer Ofengruppe stattgefunden, welche auf Taf. 11 graphisch dargestellt sind. Die Messungen 1 und 2 stellen die Temperaturschwankungen in einem einzelnen, unter gewöhnlichen Verhältnissen betriebenen Françoisschen Koksofen dar. In Messung 3 und 4 sind die Temperaturen von Hauptgaskanälen verzeichnet, in denen sich die Abhitze von 50 bezw. 23 Öfen vereinigt. Die Messung 5 zeigt die Wärmegrade, mit denen die Abgase von 28 Öfen nach Beheizung von drei Kesseln in die Esse eintraten.

Die zum Ofenverschluß dienenden Türen sind entweder um Angeln drehbar aufgehängt oder sie lassen sich mittels Winden in einer Führung hochziehen und herunterlassen. Ihre Innenseite ist mit einem Futter aus feuerfestem Material ausgekleidet, welches als Isolierschicht wirkt. Die Schaulöcher sitzen in besonderen Türchen, welche in der oberen Hälfte der Koksofentür lose eingesetzt und während des Ofenganges verschmiert sind. Erfordert der Verlauf der Garung ein teilweises oder vollständiges Schließen der Schaulöcher, so dient hierzu mit Wasser angerührter Lehm.

Zur besseren Versteifung der Öfen werden beiderseits senkrechte Anker aus Profileisen neben den Ofentüren angebracht, die durch Ankerstangen, welche in den Ofenpfeilern liegen, zusammen gehalten werden.

Das feuerfeste Material für die Kokereien des Saargebiets liefern benachbarte Schamottewerke, in erster Linie solche der bayrischen Rheinpfalz, deren Tonvorkommen bei Homburg und Eisenberg Veranlassung zu einer umfangreichen Schamotteindustrie daselbst gegeben haben. Daneben sind auch die Rheinischen Schamotte- und Dinaswerke zu Ottweiler und andere rheinische Fabriken an der Lieferung des feuerfesten Materials beteiligt. Ein besonders gutes Material wird aus Belgien bezogen, das bei dem heißen Ofengang, den die Saarbrücker Fettkohle erfordert, die größte Feuerbeständigkeit aufzuweisen hat.

4. Die Einrichtungen zum Stampfen der Kokskohle.

Die Versuche, die Kokskohle in dichterer Lagerung in den Öfen zu bringen, als das lose Einfüllen durch die in dem Ofengewölbe angebrachten Füllöcher ermöglicht, reichen in den Anfang der 1880er Jahre zurück. Sie führten jedoch erst zu praktischen Ergebnissen, als das dem Oberingenieur Quagglio im Jahre 1885 patentierte Verfahren, die Kohle vor dem Einsetzen in besonderen Zellen, die auf der Ausdrückmaschine angeordnet sind, zu stampfen, von verschiedenen Werken, vor allem in Oberschlesien, praktisch verwertet und weiter ausgestaltet wurde. Das Stampfen der Kohle zu einem der Form der Ofenkammer entsprechenden Kuchen in besonderen Stampfzellen erfolgte anfangs von Hand, da es zunächst nicht gelang, gebrauchsfähige, maschinelle Stampfeinrichtungen zu bauen. Zum Handstampfen bediente man sich eiserner Stampfer von $1^1/_2$—3 kg Gewicht und ließ die Arbeit von jüngeren Arbeitskräften der niedrigeren Lohnklassen ausführen.

Im Saarrevier waren es die Halberger Hütte zu Brebach und die Kokerei der Gebr. Stumm zu Neunkirchen, welche die Quaggliosche Erfindung zuerst verwerteten, und zwar zunächst auch unter Anwendung des Stampfens von Hand.

Auch die Kokerei der Gebr. Röchling wandte sich 1897 dem Stampfverfahren zu. Eine daselbst gebaute maschinelle Einrichtung zum Verdichten des Kohlenkuchens vor der Beschickung des Ofens, bei welcher ein absatzweises Pressen des Einsatzes durch eine wagerecht bewegte Preßplatte erfolgte, hat sich auf die Dauer nicht bewährt.*) Jedoch kamen bald andere Arten von Stampfmaschinen in Aufnahme, die sich immer mehr vervollkommneten, sodaß sehr bald die Mehrzahl der Saarkokereien, darunter auch die staatliche Kokerei zu Heinitz, den Stampfbetrieb einführten. Zurzeit ist von den Saarkokereien nur die Anlage des Hüttenvereins Sambre und Mosel zu Dechen noch nicht mit Einrichtungen zum Stampfen der Kohle ausgerüstet.

Die Vorteile, die das Stampfen der Kohle bietet, sind vornehmlich folgende:

1. der erzeugte Koks wird dichter und fester, infolgedessen auch ansehnlicher;

2. das Gesamtausbringen wird infolge geringeren Abbrandes der Kohle im Ofen günstiger;

3. das Ergebnis an Großkoks im Verhältnis zu Abfallkoks und Lösch wird günstiger;

---

*) Die Einrichtung ist beschrieben in der Zeitschrift „Stahl und Eisen" 1891. Heft 23, Seite 1079 u. ff.

4. infolge der dichteren Beschickung ist die Einsatzmenge größer, allerdings nimmt auch die Garungszeit entsprechend zu;

5. der Wassergehalt der eingesetzten Kohle kann wesentlich geringer sein, trotz der größeren Trockenheit verläuft die Schmelzung der Kohle ebenso günstig, wie bei der mit hohem Wassergehalt lose eingesetzten Kohle. Durch die geringere Entwicklung von Wasserdampf wird der Ofen mehr geschont;

6. die gestampfte Kohle benötigt zu ihrer Verkokung keiner besonderen, vor allem nicht einer breiten Ofenform, da auch der Ofengang der schmalen Öfen bei gestampfter Kohle die nötige Hitze entwickelt und einen brauchbaren Koks liefert. Die unter 5 und 6 genannten Umstände sind für den Betrieb mit Gewinnung der Nebenerzeugnisse von besonderer Bedeutung;

7. das Füllen der Öfen durch die kleinen Füllöcher und das Einebnen der Kohle fallen weg, sodaß die den bedienenden Arbeitern sehr lästige Rauchentwicklung unterbleibt.

Zur Erläuterung des Vorgesagten mag folgendes dienen:

Versuche auf Grube Heinitz mit Koks aus gestampfter und ungestampfter Kohle, der unter sonst gleichen Bedingungen dargestellt worden ist, haben bei Stampfkoks eine Belastungsfähigkeit von 120—140 kg auf 1 qcm ergeben, während der Koks aus ungestampfter Kohle nur 60 bis 80 kg Druckfestigkeit zeigte; es ergibt dies eine um 100 v. H. höhere Festigkeit des Stampfkoks. Vergleiche zwischen beiden Kokssorten nach dem Augenschein zeigen beim Stampfkoks wesentlich kleinere Poren.

Das Ausbringen an Koks betrug in Heinitz im Durchschnitt des Jahres 1900, wo der Stampfbetrieb noch nicht eingeführt war, 48,9 v. H., dagegen 1902, wo von insgesamt 101 Öfen 50—73 mit gestampfter Kohle besetzt wurden, 51,1 v. H. Es stände danach für den Fall, daß sämtliche Öfengruppen mit Stampfeinrichtungen ausgerüstet wären, eine Steigerung des Ausbringens von rund 3 v. H. zu erwarten. Das Mehrergebnis an Großkoks gegenüber Kleinkoks und Lösch kann ebenfalls zu 2—3 v. H. angenommen werden, besonders wenn man den starken Abrieb, den der Saarkoks aus ungestampfter Kohle beim Verladen noch erfährt, in Betracht zieht.

Die mit dem Stampfbetrieb zu erzielende Erhöhung der Einsatzmenge beträgt nach angestellten Versuchen 30 v. H. des früher möglichen Einsatzes. Während bisher auf 1 cbm Ofenraum nur 630 kg Einsatz gerechnet werden konnten, nimmt dieser Raum 850—950 kg an gestampfter trockener Kohle auf. Allerdings wird bei der dichteren Beschickung die Garungszeit länger — in Heinitz 72 gegen 48 Stunden —, sodaß die Ofenerzeugung auf eine Zeiteinheit — beispielsweise auf 24 Stunden — die gleiche, wie bei ungestampftem Einsatz, bleibt. Der Vorteil beruht somit in dieser Hinsicht lediglich auf einer Ersparnis an Bedienungsmannschaften und in der größeren Schonung der Öfen, da diese in größeren Zwischenräumen, als früher, ausgedrückt werden, wodurch die Ausbesserungskosten sich vermindern.

Die starke Gasentwicklung der Saarkohle beim Beginn der Verkokung ließ dem Koksofentechniker einen hohen Wassergehalt bei der ungestampften Kohle stets vorteilhaft erscheinen, damit nicht durch allzuhohe Hitzegrade im Anfange der Entgasung die Schmelzung der Kohle zu früh erfolgte. Diese Rücksicht fällt bei der dichteren Beschickung weg, da bei dieser die Gasentwicklung langsamer vor sich geht und da die durch hohen Wassergehalt bezweckte festere Lagerung der Kohle durch das Stampfen ohnehin erreicht ist. Es kann daher bei letzterem die eingesetzte Kohle, welche bei loser Einfüllung 15—19 v. H. Wasser enthielt, um mehrere Prozent trockener sein. Allgemein geht man jetzt beim Stampfbetrieb nicht über 12 v. H. Wassergehalt hinaus, vorausgesetzt, daß die Abtrocknung der Kohle sich soweit ermöglichen läßt. Auf die dadurch bedingte größere Schonung der Öfen infolge geringerer Wasserdampfentwicklung ist schon oben hingewiesen.

Der Übergang zum Stampfbetriebe ist eine der wesentlichsten Neuerungen der Saarkokereien in den letzten zehn Jahren; er hat nicht wenig dazu beigetragen, dem scharfen Wettbewerb, der dem Saarkoks durch westfälischen Koks ständig erwächst, wirksam zu begegnen. Die verbesserte Beschaffenheit des Saarkoks geht aus dem Umstand hervor daß, während er früher als Gießereikoks seiner geringeren Festigkeit wegen nur ungern verwendet wurde, die Eisenhüttenleute in dieser Beziehung kaum noch Bedenken haben. Der Stampfbetrieb im Saarrevier wird ohne Zweifel auch noch nach der Richtung hin Bedeutung gewinnen, daß der Fettkohle größere Mengen gasärmerer Kohlensorten ohne Beeinträchtigung der Koksbeschaffenheit zugesetzt werden können, wie es in Westfalen schon jetzt in nennenswertem Umfange geschieht. Versuche nach dieser Richtung sind auf der Halberger Hütte schon gemacht worden, doch sind deren Ergebnisse nicht bekannt geworden.

Das maschinelle Stampfen der Kohle erfolgt in der Weise, daß in einem der Ofenform entsprechenden Kasten, der einen beweglichen, an der unteren Seite mit einer Zahnstange versehenen Boden trägt, mittels eigenartig bewegter Stampfer ein Kohlenkuchen lagenweise eingestampft wird. Der Inhalt des Kastens wird mittels des Bodens in den Ofen eingeschoben und dieser nach Herablassen der Ofentür wieder herausgezogen, so daß dann der Einsatz die Ofenkammer ausfüllt. Die eigentliche Stampfmaschine ist über der Beschickzelle auf einem Rahmen unter-

gebracht, der auf Schienen läuft, so daß sie sich über der ganzen Länge
des Stampfkastens hin- und herbewegen kann. Ist der Stampfapparat mit
einer feststehenden Füllstelle verbunden, so daß die Beschickeinrichtung
auf einem besonderen Gestell sich befindet, so muß der mit letzterer ver-
bundene Stampfkasten genau unter die Stampfmaschine gefahren und dort
festgelegt werden. Bei den mit fahrbarem Füllrumpf augerüsteten Maschinen
befinden sich die Laufschienen für den Stampfapparat in fester Verbindung
mit der ganzen Beschickmaschine.

Die in Anwendung stehenden Stampfmaschinen arbeiten alle nach
demselben Prinzip, welches darin besteht, daß mit längerer Führungsstange
aus Holz oder Eisen versehene eiserne Stampfer von einer besonderen
Vorrichtung hochgehoben werden und von dem erreichten höchsten Punkt
frei herunterfallen, wobei die ganze Maschine längs des Stampfkastens hin-
und herfährt. Der Antrieb erfolgt durchweg mittels Elektromotors, da
eine andere Antriebsart zu schwerfälligen Konstruktionen führen würde.
Der Motor besorgt sowohl das Heben des Stampfers, wie auch das Fort-
rücken der Maschine, wobei die Umschaltung am Ende des Weges entweder von Hand oder durch besondere Anschläge, welche die Steuerung
umstellen, erfolgt.

Die einzelnen Maschinen unterscheiden sich hauptsächlich durch die
Art des Triebwerks, sowie durch die Hubhöhe, Schwere und Hubzahl der
Stampfer. Letztere sind wieder wesentlich beeinflußt von der Ofenbreite
und der für das Fertigstellen eines Kuchens zur Verfügung stehenden Zeit.
Dementsprechend ist auch der Kraftverbrauch der einzelnen Bauarten ver-
schieden; er schwankt zwischen 1,5 und 5 PS. Es hat sich als vorteilhaft
erwiesen, den Motor nicht zu klein zu wählen, da durch zu schwache
Motoren vielfach unliebsame Betriebsstörungen verursacht wurden.

Der erste und älteste Stampfapparat, der noch auf der Anlage von
Gebr. Stumm in Neunkirchen und auf der Halberger Hütte in Betrieb
steht, ist der von Brink u. Hübner, der im Laufe der Zeit verschiedentlich
vervollkommnet worden ist. Bei ihm erfolgt das Heben des Stampfers
durch Reibrollen*), welche die Stampferstange zwischen sich fassen; die
Rollen werden durch ein Schneckengetriebe von dem Elektromotor aus
betätigt.

Durch eine Hebelbewegung und Einschiebung eines Keiles kann die
Anhebevorrichtung ausgerückt werden, so daß die Maschine ihre Fahr-
bewegung ausführt, ohne dabei zu stampfen. Der Nachteil dieser Maschine
besteht einmal in der großen Abnutzung einzelner Triebwerksteile, wodurch
ein ungenaues Arbeiten derselben verursacht wird, sodann auch in dem
Anheben des Stampfers durch Reibrollen, da hierbei die hölzernen Stempel

---

*) Näheres „Stahl und Eisen", 1898, S. 1082.

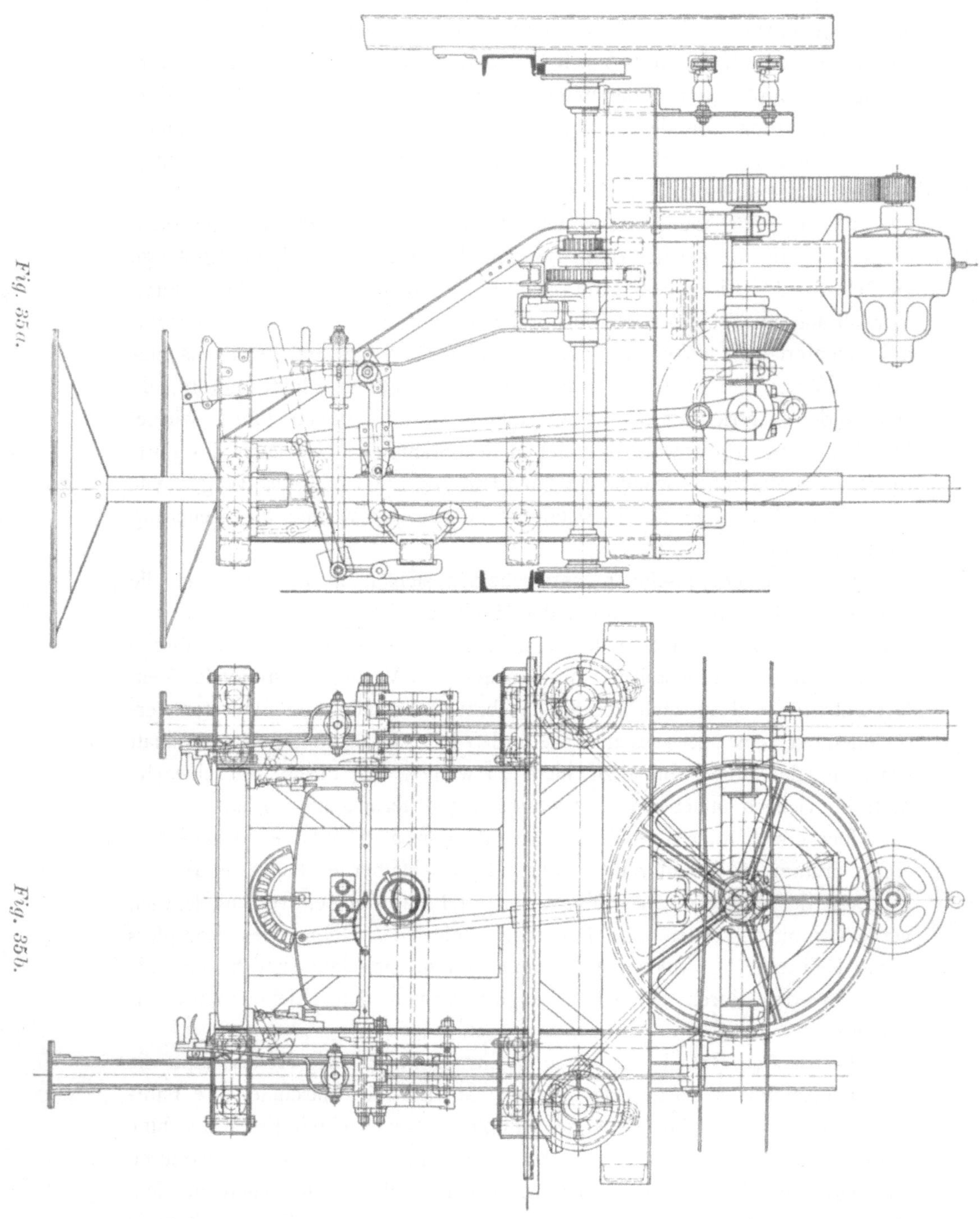

Fig. 35a.
Fig. 35b.

des Stampfers sich ungleichmäßig abnutzen, wodurch ungleiche Hub- bezw. Fallhöhen entstehen. Die Abnutzung kann auch dahin führen, daß der Stempel, namentlich bei feuchter Witterung, längs der Rolle abgleitet. Immerhin bewähren sich die in Betrieb stehenden Apparate zu Brebach und Neunkirchen noch recht gut.

Einen ebenfalls im Betriebe bewährten Apparat liefert die Sächsische Maschinenfabrik in Chemnitz; er ist in Fig. 35 a und b dargestellt. Das Anheben des Stampfers erfolgt in eigentümlicher Weise durch eine Klemmbacke, die durch eine Kurbel bewegt wird und durch einen zweiten Hebel eine der Fig. 36 ähnliche Bewegung erhält. Durch diese wird die Klemmbacke an den hier ebenfalls aus Holz gefertigten Stempel, welcher den Stampfer trägt, angedrückt und dieser gehoben; im höchsten Punkt wird der Stempel freigegeben, so daß er gerade herunterfallen kann. Einem Durchgleiten des Stempels, das sich anfangs zeigte, wurde durch Auflegen von Lederscheiben oder Riffeleisen auf die Stampferstange ent-gegengetreten; es genügt nach neueren Erfahrungen schon, dem Stempel an der von der Klemmbacke zu fassenden Stelle Querriffeln einzuschneiden. In der Regel sind zwei Stampfer auf einer Maschine vereinigt. Bei zwei nach dieser Anordnung für die Beschickmaschine der Kokerei Heinitz gelieferten Maschinen beträgt die Hubhöhe 350 mm, die Stampferbreite 250 mm und das Gewicht des Stampfers einschl. der hölzernen Führungsstange 150 kg. Die Zahl der Hübe ist 63 in der Minute. Ein derartiger Stampfapparat vermag in zehn Minuten einen 6 m langen, 1,2 m breiten und 1,00 m hohen Kuchen so zu stampfen, daß auf 1 cbm Kasteninhalt etwa 930 kg Kokskohle von 12 v. H. Wassergehalt kommen.

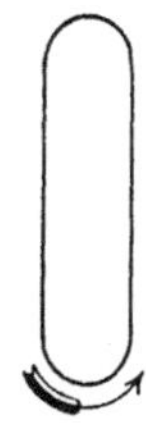

Fig. 36.

Auf den Saarkokereien mehrfach ausgeführt und in jeder Beziehung als zuverlässig anerkannt ist auch die Stampfmaschine der Maschinenfabrik Kuhn & Co. zu Bruch i. W.*) Bei dieser ist die Führungsstange als Zahnstange ausgebildet, in welche zum Anheben des Stampfers eine Klinke eingreift, die auf einem Schlitten angebracht ist. Der Schlitten erhält eine auf- und abgehende Bewegung durch eine von dem Triebwerk betätigte Kurbelübertragung und läßt bei seiner höchsten Stellung die Zahnstange los. Mit Hilfe eines Hebelwerks und einer festverlagerten Klinke kann der Führungsstempel am höchsten Punkt festgehalten werden. Bei dieser Maschine ist die Klinke, welche den Stempel zu greifen hat, der empfind-lichste Teil, doch genügt es, um ein zuverlässiges Arbeiten des Apparates zu sichern, sie etwa halbjährlich zu erneuern. Der geräuschvollere Gang der Maschine gegenüber anderen Bauarten wird bei ihren sonstigen Vor-

---

*) Vergl. „Stahl und Eisen", 1903, S. 1214 ff.

teilen gern in Kauf genommen. Die auf der Burbacher Hütte und auf der de Wendelschen Anlage gewählte Anordnung der Maschine ist aus Fig. 37 und 38 ersichtlich.

Als neueste Bauart der Stampfmaschine ist noch diejenige der Fabrik gelochter Bleche von F. Méguin in Dillingen a. d. Saar zu erwähnen, welche in je einem Stück auf der Burbacher Hütte sowie auf der Koksanlage der Gebr. Röchling in Völklingen in Betrieb steht (vergl. Fig. 39

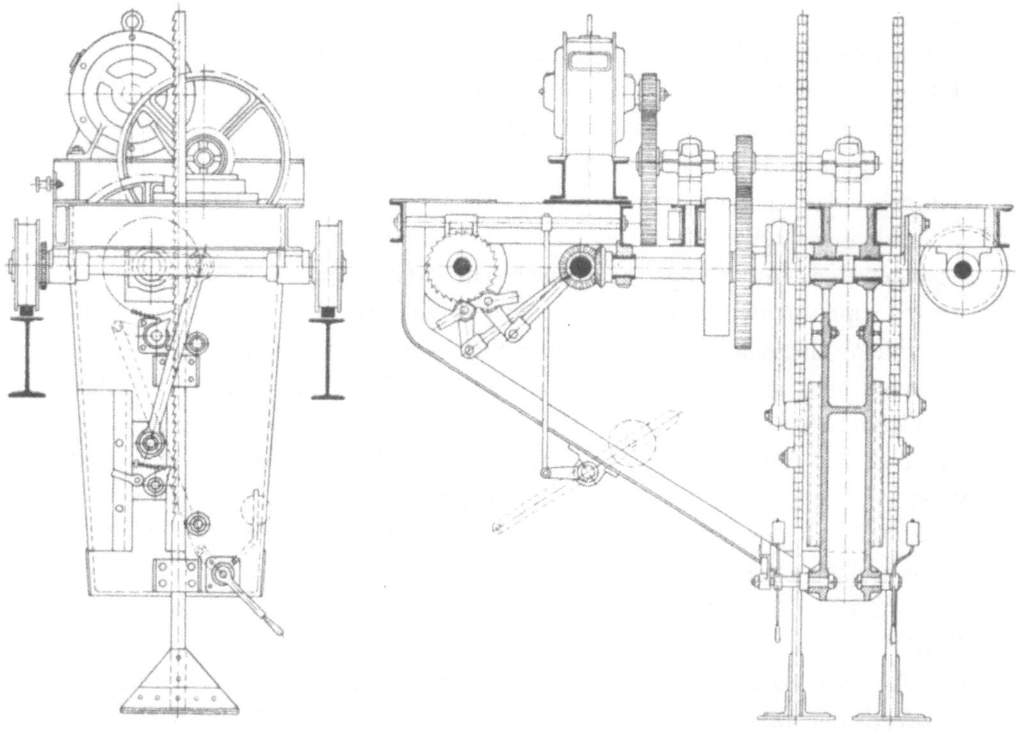

Fig. 37.

und 40).*) Bei der Méguinschen Maschine wird ähnlich wie bei der Kuhnschen Anordnung an einer feststehenden Führung mittels Kurbelübertragung ein Schlitten auf und ab bewegt, der die Stampferstange allseitig umschließt. In den Kopfstücken des Schlittens befinden sich zwei Klemmbacken eingelegt, welche durch Drehen einer mit Rechts- und Linksgewinde versehenen Schraubenspindel an die Stange angepreßt und gelöst werden. Auf der Spindel sitzt ein Anschlaghebel, der den Schlitten öffnet, sobald er gegen einen für die höchste Stellung des Stampfers ange-

---

*) Beschreibung in Heft 24, 1903, der Zeitschr. „Stahl und Eisen", S. 1374 ff.

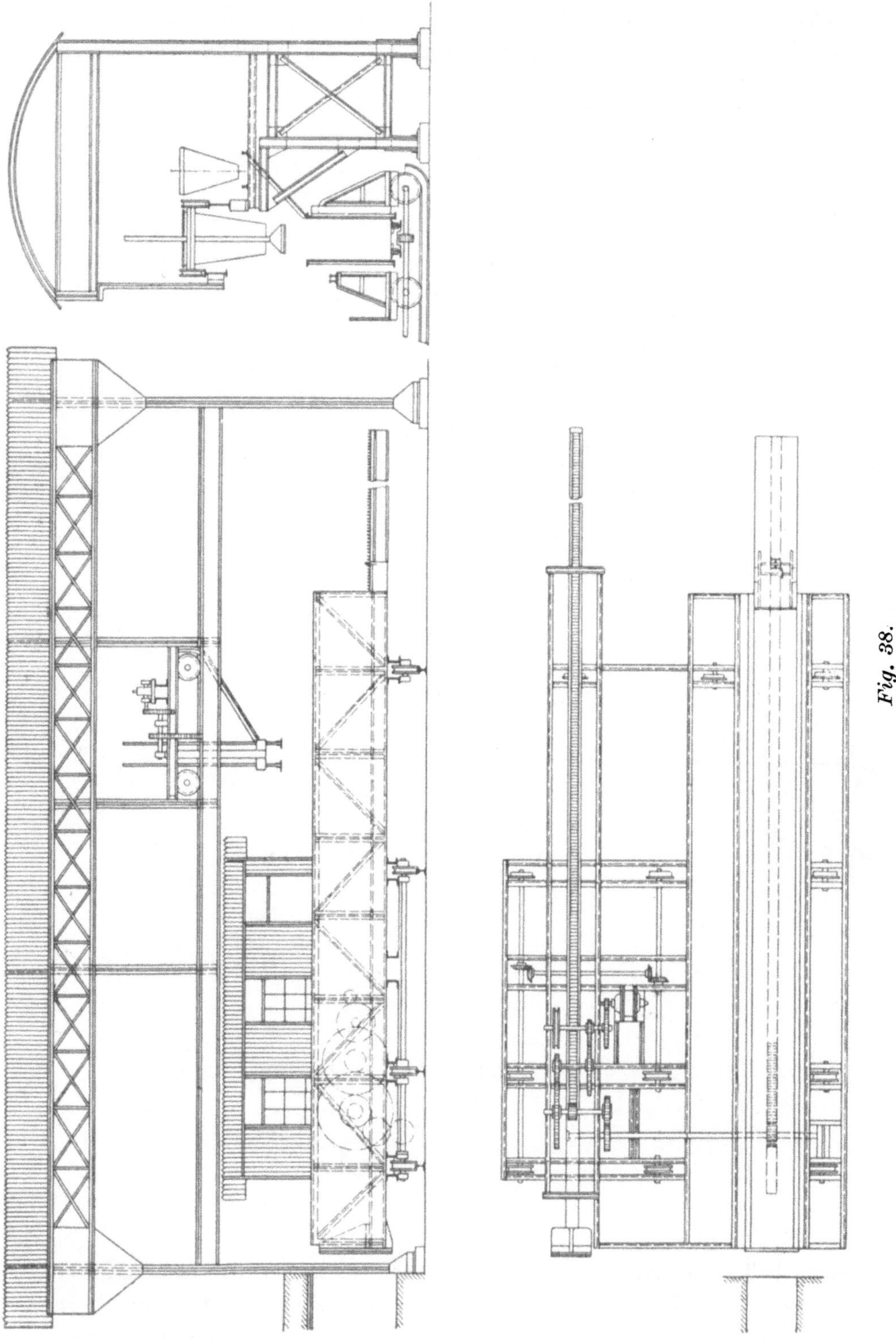

Fig. 38.

brachten Anschlag stößt, und der ihn durch Zusammenpressen der Klemmbacken wieder schließt, wenn er einen zweiten, entgegengesetzt wirkenden
Anschlag trifft. Letzteres tritt infolge des dem Schlitten voreilenden,

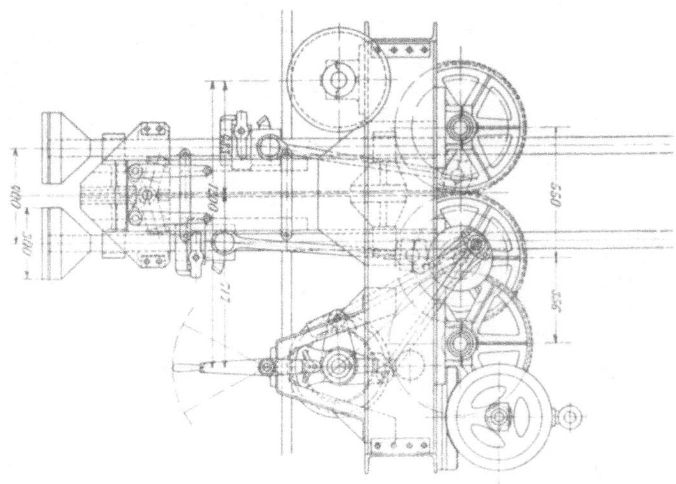

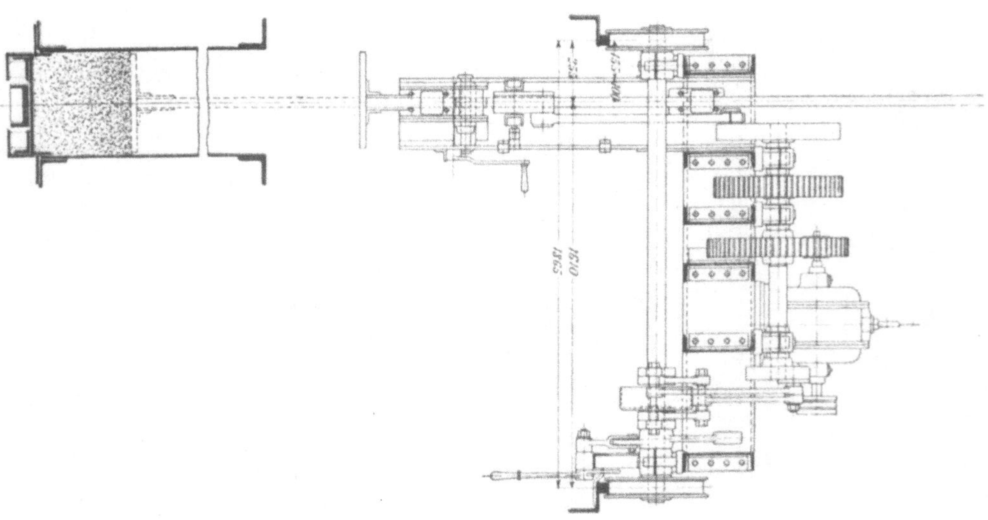

Fig. 39.

freien Falles des Stampfers erst ein, wenn dieser in der Ruhelage sich
befindet. Die Maschine besitzt gleichfalls zwei Stampfer; der Antrieb ist
für beide gleich. Durch Versetzung der Kurbelscheiben um 90° gegen-

einander wird erreicht, daß die Stampfer ziemlich kurz hintereinander
herunterfallen. Sollen die Stampfer außer Betrieb kommen, so werden sie
durch eine auf die Stange wirkende Bremsvorrichtung, die mittels eines
Handhebels betätigt wird, in ihrer höchsten Stelle festgehalten. Der
Stampfer steht dann so hoch, daß der Schlitten die sich nach unten etwas
verjüngende Führungsstange nicht mehr greift. Zum Festhalten der bei
Méguin aus Eisen gefertigten Stampferstange tragen die Klemmbacken

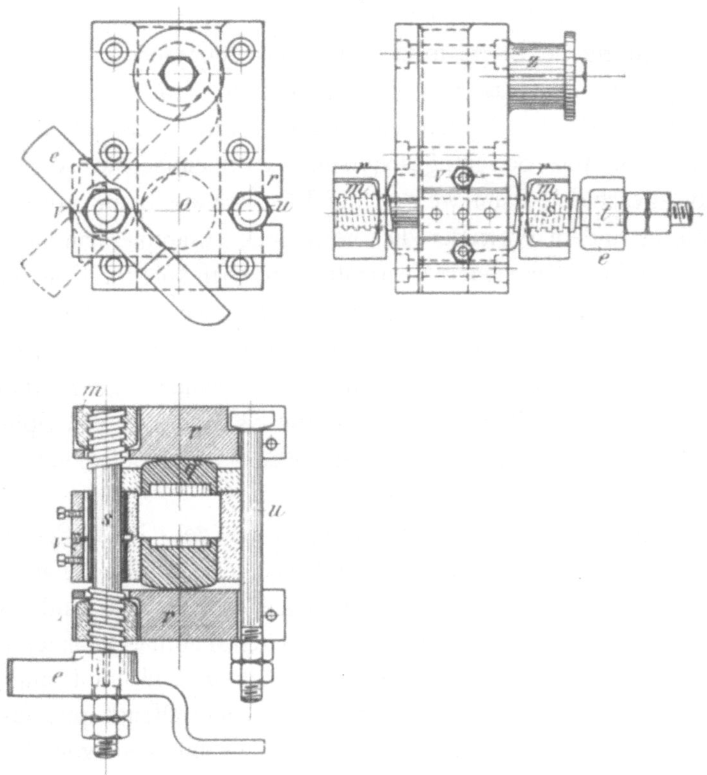

Fig. 40.

Holzfutter aus bestem Hirnholz, die den Hauptverschleiß aufnehmen und
sich leicht auswechseln lassen.

Die Vorwärtsbewegung der Stampfmaschinen auf ihren Laufschienen
erfolgt allgemein in der Weise, daß auf eine Achse des die Maschine
tragenden Rahmens zwei entgegengesetzt stehende Sperräder angeordnet
sind, die durch zwei Sperrklinken, deren eine für die Vorwärts-, die andere
für die Rückwärtsbewegung dient, ruckweise gedreht werden. Die Klinken
erhalten ihre Bewegung durch Hebelübertragung von dem Motor aus. Für
das Einrücken des Fortbewegungsgetriebes dient ein Hebel, bei dessen

mittlerer Lage die Maschine stillsteht. Am Ende der Fahrbahn schaltet die Maschine selbsttätig um, indem durch Anschlagbolzen der Hebel umgelegt wird.

Die zweckdienliche Gestaltung der Stampfkasten macht keine besonderen Schwierigkeiten. Ihre Breite wird so gewählt, daß der fertig gestampfte Kuchen mit 1—2 cm Spiel in die Ofenkammer paßt. Die zu stampfende Kohle wird einfachen Fülltrichtern entnommen, die über dem Stampfkasten angeordnet sind und sich mit Klappen verschließen lassen. Das Einstampfen erfolgt in Lagen, indem an den Stellen, welche der Stampfer bearbeitet hat, lose Kohle aufgegeben wird, die dann von dem meist um seine eigene Breite fortschreitenden Stampfer auf seinem mehrfachen Weg längs des Kastens fest eingestampft wird.

Um den Ofen beschicken zu können, wird zunächst die vordere Stirnwand des Kastens beiseite geschoben, was in einfachster Weise mittels Handkurbel geschieht, dann werden die Längswände oben etwas voneinander entfernt, indem entweder die die Wände zusammenhaltenden Riegel gelöst, oder mittels einfacher Vorrichtungen (bei Méguin Kniehebel) die Seitenwände um einen kleinen Winkel umgelegt werden. Bei der breiten Form des Kohlenkuchens für den François-Rexrothschen Ofen ist ein derartiges Lösen des Stampfkasteninhalts nicht einmal erforderlich. Die hintere Stirnwand des Stampfkastens ist mittels Handrad und Spindel verstellbar, um sie zurückziehen zu können, wenn der Kohlenkuchen in den Ofen eingebracht ist.

Die Stellung der Stampfeinrichtungen zu den Beschick- und Ausdrückmaschinen ist verschieden gewählt; sie ist hauptsächlich durch die örtlichen Verhältnisse bedingt. Gewöhnlich sind Beschick- und Ausdrückmaschine getrennt, sodaß jede für sich arbeiten kann. Je nachdem sich hierbei der zur Aufnahme der Kohle bestimmte Füllrumpf auf der Beschickmaschine selbst befindet oder am Ende einer Ofengruppe feststehend angeordnet ist, ergeben sich bestimmte Anordnungen von Maschinen. Auch lassen sich auf einer Beschickmaschine 2 Stampfkästen anordnen, was sich dort als erforderlich erweisen kann, wo 1 Stampfkasten zur Bedienung einer größeren Ofengruppe nicht ausreicht. Schließlich läßt sich auch die Ausdrückmaschine mit der Beschickmaschine so vereinigen, daß beide nur eines Motors bedürfen, wobei noch der Füllrumpf auf der Maschine selbst, also fahrbar mit dieser angeordnet sein kann. Im allgemeinen empfiehlt sich die Anordnung feststehender Füllrümpfe und fahrbarer Beschickmaschinen, um nicht die ganze tote Last des Füllrumpfes mit der Maschine fortbewegen zu müssen, und weil die Zufuhr der Kokskohlenwagen, die bei Beschickmaschinen mit aufgebautem Füllrumpf an jeder Stelle der Ofenbatterie möglich sein muß, kostspielige Einrichtungen erforderlich macht. Die Anordnung der Füllkästen auf der Maschine selbst ist die ältere Ausführung und wird jetzt nur dann gewählt, wenn seitlich der Koksöfen der Raum für die Aufstellung feststehender Fülltaschen fehlt.

Eine Maschine mit doppelseitigem Stampfkasten und aufgebauten Füllrümpfen, die gleichzeitig Ausdrück- und Beschickmaschine darstellt (Fig. 41), ist auf der westlichen Koksofenabteilung der südlichen Kokerei der Grube Heinitz in Gebrauch. Sie ist von der Sächsischen Maschinenfabrik (vorm. Rich. Hartmann) in Chemnitz geliefert, bedient 70 Öfen, von einer durchschnittlichen Garungszeit von 48—72 Stunden, in der Schicht etwa 24 Öfen, und ist mit 2 von derselben Firma gelieferten, oben bereits beschriebenen Stampfmaschinen ausgerüstet. Als Betriebskraft für den Hauptmotor, der vermittels entsprechender Kuppelung und Vorgelege sowohl die Ausdrückarbeit wie das Beschicken und das Seitwärtsverschieben der Maschine besorgt, wie auch für die Motoren der Stampfmaschinen dient Gleichstrom von 500 V Spannung; sämtliche Motoren haben Nebenschlußschaltung.

Ähnliche Anordnungen, bei denen die Hauptmotoren zum Teil noch mit Dampf betrieben werden, besitzt die Koksanlage in Neunkirchen, welche im ganzen 6 Beschick- und Stampfmaschinen, teils mit einem, teils mit 2 Stampfkästen, in Betrieb hat. Eine Maschine bedient daselbst Ofenbatterien von 36 bis zu 100 Koksöfen von einer Garungszeit von 40 bis 45 Stunden.

Die Anordnung der Stampfeinrichtung mit feststehender Füllstelle und fahrbarer vereinigter Beschick- und Ausdrückmaschine findet sich auf der Burbacher Hütte, wo die Raumverhältnisse die Anbringung der Füllrümpfe zwischen je 2 Ofengruppen gestatteten, so daß von jeder Seite her je eine Beschickmaschine mit je einem Stampfkasten an die Füllstelle heranfahren kann. Der Stampfapparat befindet sich an letzterer, sodaß die fahrbare Maschine nur den Stampfkasten mit der Einrichtung zum Einsetzen des Kohlenkuchens und die Ausdrückstange nebst Antriebsmotor trägt. Auf der de Wendelschen Kokerei zu Dudweiler ist die Anordnung dieselbe, nur sind Ausdrück- und Beschickmaschine getrennt, sodaß jede für sich fahren und arbeiten kann. Es hat dies den Vorteil, daß bei Beschädigung des Motors der Beschickmaschine wenigstens die Ausdrückmaschine arbeiten kann, sodaß der Ofenbetrieb in solchen Fällen in der früheren Weise mit loser Einfüllung der Kohle weitergeführt wird. Im übrigen sind auf den meisten Anlagen die früheren einfachen Ausdrückmaschinen zur Reserve belassen worden, um bei Störungen an den Stampf- und Beschickmaschinen den Betrieb ohne weiteres aufrecht erhalten zu können.

Eine etwas veränderte Anordnung der Stampfeinrichtung ist für den Koksofenneubau auf Grube Heinitz vorgesehen. Es soll dort ein Vorratsturm für die gewaschenen Kohlen so hoch über die Fahrbahn der Beschick- und Ausdrückmaschine gelegt werden, daß diese darunter fahren und eine größere Menge Kohlen in kleinere auf der Maschine angebrachte Füllrümpfe aufnehmen kann, aus denen die zu stampfende Kohle sodann in die Stampfkasten abgezogen und eingestampft wird. Diese Einrichtung erfordert das Zurückkehren der Beschickmaschine zur Füllstelle ungefähr nur bei jedem 3. Einsatz, wodurch wesentlich an Zeit gespart wird. Ferner hat diese Anordnung den Vorteil, daß die Kohlenzufuhr zur Maschine an einer festen Entnahmestelle erfolgt, die Zufuhr der Kohlen also nicht von den Öfen aus zu erfolgen hat. Es kann daher die Kohlenzufuhr von der Kohlenwäsche zu dem Vorratsturm mit billig arbeitenden maschinellen Einrichtungen — Seilbahn oder Förderband — bewirkt werden.

5. Ofenbetrieb und Kokereierzeugnisse.

Die Garungsdauer des François-Rexrothschen Ofens gewöhnlicher Abmessung beträgt 48 Stunden, sie erhöht sich auf den Anlagen, wo die Kokskohle vor dem Einsetzen gestampft wird, bis zu 72 Stunden. Die Bemessung der Garungsdauer auf eine Stundenzahl, die ein Vielfältiges der Schichtdauer des Kokereibetriebes (allgemein 12 Stunden) darstellt, vereinfacht die Betriebsweise und ermöglicht günstige Gestehungskosten, indem dann in jeder Schicht bestimmte Öfen nach einer im allgemeinen feststehenden Reihenfolge gezogen werden können. Dabei hat man es in der Hand, durch Verlangsamung der Garung und durch luftdichtes Abschließen eines fertig verkokten Ofensatzes den Zeitpunkt des Entleerens so hinauszuziehen, daß an Sonn- und Feiertagen ein voller Betrieb der Koksanstalt nicht erforderlich ist.

Der Einsatz an nicht gestampfter Kokskohle beträgt bei dem auf Grube Heinitz gebräuchlichen 6 m langen Ofen 6 t, bei den 8 m langen 8—9 t mit einem Feuchtigkeitsgehalt von 15—20 v. H., sodaß sich eine Füllung zu rund 5 bezw. 6,3—7,7 t trockene Kokskohle berechnet. Das durchschnittliche Ausbringen bei derselben Anlage beträgt, bezogen auf die eingesetzte gewaschene Kohle (trocken) 72 v. H., auf trockene Rohkohle bezogen 53 v. H.

Bei dem schmäleren Coppée-Ofen ist die Garungszeit durchweg kürzer, sie schwankt zwischen 36 und 42 Stunden. Sie bedingt die Einrichtung von Tag- und Nachtbetrieb, um stets in der Lage zu sein, einen garen Ofen zu ziehen und neu zu besetzen. Die tägliche Erzeugung an Koks beträgt bei einer aus 60 Coppée-Öfen bestehenden Batterie mit einer Ofenlänge von 6 m und einer Einsatzmenge von rund 2,5 t gewaschener Kohle (Trockengewicht) bei einer Garungszeit von 33—40 Stunden rund 60 t, was einem Ausbringen von 66 v. H. bezogen auf trockene, eingesetzte Kohle, entspricht. Nimmt man das Waschausbringen in diesem

Falle zu 75 v. H. an, so ergibt sich ein Koksausbringen, bezogen auf trockene Rohkohle, von etwa 50 v. H.; es entspricht dies dem durchschnittlich erzielten Ergebnis des Rexrothschen Ofens. Leider sind von den Hüttenwerken genaue Zahlen über das Ausbringen der Coppée-Öfen nicht zu erlangen, auf Grund deren ein genauer Vergleich der beiden Ofensysteme hinsichtlich ihres Ausbringens möglich wäre.

Da die Garungsdauer der Saarbrücker Kohle im ganzen um etwa 20 bis 25 v. H. länger ist, als die der Fettkohle anderer Bezirke, insonderheit des westfälischen, so bleibt die jährliche Erzeugungsmenge eines Ofens unter sonst gleichen Verhältnissen hinter derjenigen anderer Bezirke zurück. Während beispielsweise mit einem 6 m langen Coppée-Ofen in Westfalen eine Jahreserzeugung von 550 t zu erzielen ist, darf diese bei der Saarbrücker Kohle höchstens zu 400 t angenommen werden. Der in 48 Stunden garende Françoissche Ofen von der gleichen Länge, aber mit 1,10 m Breite der Ofenkammer, erzeugt, wenn der Betrieb an Sonn- und Festtagen ruht, 550 t, bei ununterbrochenem Betrieb 650 t im Jahre. Wesentlich günstiger sind die jährlichen Durchsatzmengen bei den mit Nebengewinnung ausgerüsteten Anlagen, worauf später noch zurückzukommen sein wird.

Die Betriebsdauer eines Ofens ist bei der Saarkohle im allgemeinen auf nicht mehr als 15 Jahre anzusetzen. Die Kosten eines gewöhnlichen François-Rexrothschen Ofens stellen sich an Löhnen und Material auf rund 3500 M. einschließlich des zugehörigen Stückes Gaskanal, wobei die Kohlen für das meist nur einmal erforderliche Grundmauerwerk nicht mitgerechnet sind. Das letztere besteht aus mehreren großen, die ganze Ofengruppe einschließlich der Löschhalde aufnehmenden Gewölbebogen aus Bruchsteinmauerwerk, welches der Hitze unter den Ofensohlen gegenüber sich ziemlich unveränderlich verhält.

Über die Kosten eines gewöhnlichen Coppée-Ofens wurden Angaben nicht gemacht.

Die Zufuhr der Kohle von den Vorratstürmen der Kohlenwäschen zu den Gleisbahnen auf den Öfen erfolgt allgemein in Blechtrichterwagen, die mittels eines im Boden des Wagens befindlichen Schiebers entleert werden können. Sie haben durchweg einen Fassungsraum von 0,5—0,8 t. Ihre Zuführung zu den Öfen geschieht teils von Hand, teils mittels Lokomotiven; letztere eignen sich für die Beförderung der Wagen auf den beträchtliche Wärmemengen ausstrahlenden Öfen am besten. Auf der Burbacher Hütte stehen elektrische Lokomotiven, auf der de Wendelschen Anlage Dampflokomotiven in Anwendung. Die Bedienung der Öfen mittels besonderer Beschickmaschinen beim Stampfbetrieb (s. o.) läßt es vielfach zu, daß die Kohle nicht mehr über die Öfen selbst bewegt zu werden braucht, sondern einer feststehenden Füllstelle zugeführt werden kann, aus der die Stampfmaschine die Kohle entnimmt.

Zu Anfang der Verkokung ist die Gasentwickelung am heftigsten, sodaß um diese Zeit die Schieber der Gaskanäle zur Erzeugung eines

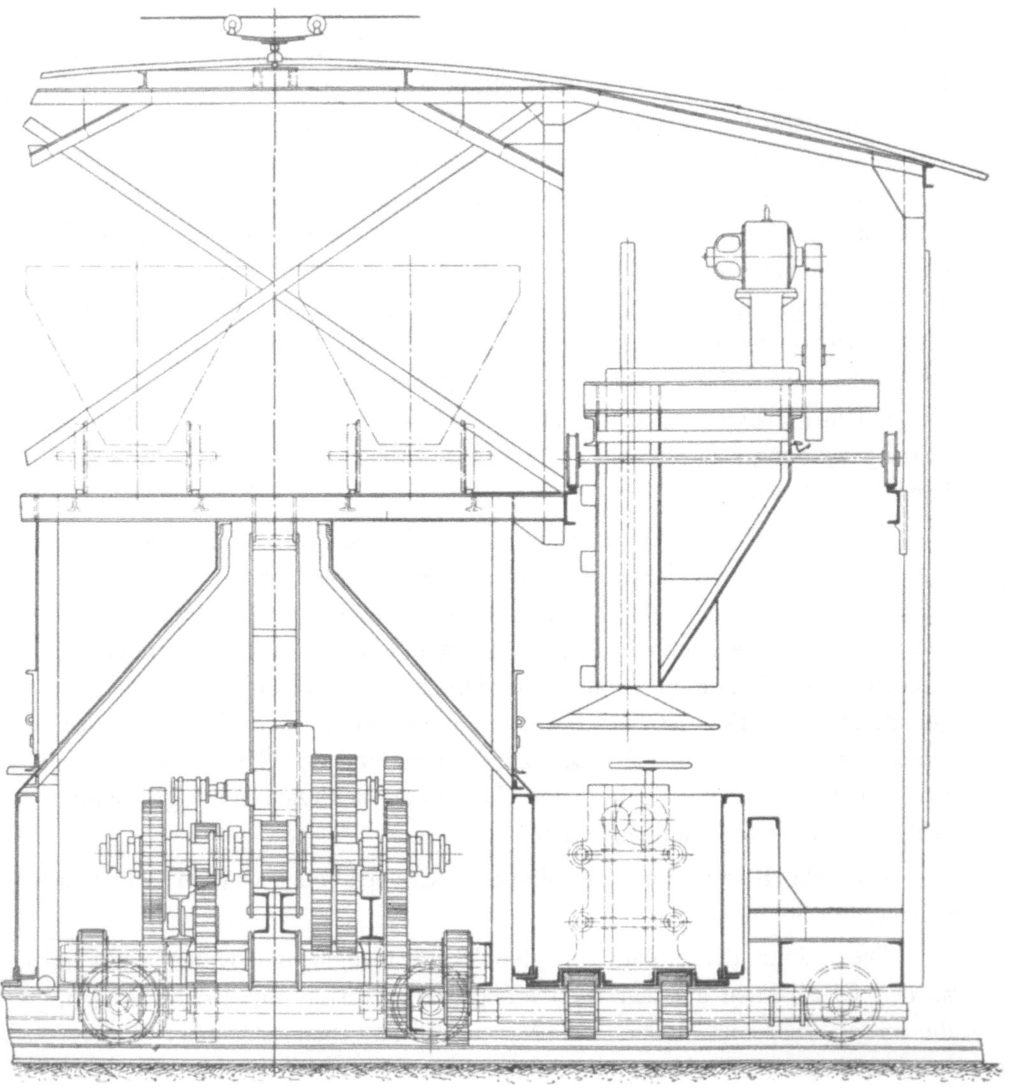

Fig. 41.

kräftigen Zuges geöffnet sein müssen. Nimmt die Gasentwickelung ab, so werden die Schieber allmählich beigestellt und schließlich ganz geschlossen. Hat die Gasentwickelung ganz aufgehört, so ist der Ofen „gar" und der Koks zum Ausdrücken fertig.

Das Entleeren der Koksöfen geschieht überall durch maschinelles Ausdrücken des Koks mittels fahrbarer Koksausdrückmaschinen. Diese besteht gewöhnlich aus einem auf einem fahrbaren Untergestell ruhenden Motor (Dampfmaschine oder Elektromotor), der mittels Zahnradübersetzung die am vorderen Ende mit einem Ausdrückkopf versehene Zahnstange in wagerechter Richtung vor- und rückwärts zu bewegen vermag. Der Motor besorgt außerdem die Seitwärtsbewegung der ganzen Maschine längs der Öfen. Ist der Motor eine Dampfmaschine, so trägt das fahrbare Gestell auch den Dampfkessel, der entweder mit Feuerung versehen ist oder auch in der bei Schiebebühnen gebräuchlichen Weise als Heißdampfkessel seinen Betriebsdampf einer feststehenden Dampfüberfüllstelle entnimmt. Bei Anwendung eines Elektromotors trägt die Maschine Rollen zur Abnahme des Stromes an einer über der Fahrbahn verlaufenden Stromzuführungsleitung.

Sind Beschick- und Ausdrückvorrichtung auf einem Gestell vereinigt (vergl. Fig. 41), so treibt der Hauptmotor der Maschine nach entsprechender Umkupplung auch den Boden des Stampfkastens. Als übliche Bewegungsgeschwindigkeiten gelten für das Ausstoßen des Kokskuchens 7 m in der Minute, für die Seitwärtsbewegung längs der Öfen 15 m in der Minute, während als höchste Geschwindigkeit der Stampfkastenböden nicht mehr als 4 m in der Minute genommen wird.

Der Kraftbedarf einer einfachen Ausdrückmaschine schwankt je nach Länge und Breite, sowie auch dem baulichen Zustand des Ofens zwischen 10—18 PS. Er ist nicht wesentlich höher, wenn die Beschickeinrichtung mit der Maschine vereinigt ist, da sie dann nur für die Seitwärtsbewegung etwas mehr Kraft in Anspruch nimmt, während Ausdrücken und Beschicken annähernd gleiche Leistungen des Motors erfordern. Ist jedoch mit der Beschickeinrichtung der Füllrumpf mit Stampfapparat fest verbunden, so steigt der Kraftbedarf für die Seitwärtsbewegung infolge des erhöhten Gewichts der ganzen Maschine nicht unwesentlich, er beträgt beispielsweise bei einer mit doppelseitiger Stampfeinrichtung ausgerüsteten Maschine 30 PS, sodaß derartig gebaute Maschinen von vornherein einen stärkeren Motor erfordern.

Die Fahrbahn für die Bedienungsmaschinen der Ofenbatterien besteht in der Regel aus 3, zuweilen 4 kräftigen Stahlschienen, die auf langen, der Tiefe der Maschine entsprechenden Schwellen fest verlagert sind.

Für das Anheben und Senken der Ofentüren dienen einfache Windwerke, die auf besonderen Bahnen auf dem Ofengemäuer hin- und hergefahren werden können. Sie sind zum Ausgleich des an einem Kranausleger wirkenden Gewichts der Ofentüren mit Gegengewichten versehen.

Die Abdichtung der Türen während des Ofenganges geschieht in einfachster Weise durch Verschmieren mit angefeuchtetem Lehm, der sich zum größeren Teil wieder gewinnen läßt.

Der zum Ablöschen des ausgedrückten Koks erforderliche Platz vor den Öfen — die sog. Löschhalde — erhält vom Ofen aus eine schwache Neigung für das Abfließen des Löschwassers. Seine Breite entspricht der Ofenlänge. Für seine Abdeckung dienen allgemein Steinplatten, da diese am widerstandsfähigsten gegenüber dem heißen Koks sind. Längs der Löschhalde verläuft die Spritzwasserleitung, in welche in Abständen von 10—15 m Anschlußstutzen zum Befestigen der für das Löschen erforderlichen Spritzschläuche eingebaut werden. Für das Löschen eines Kokskuchens von 6 m Länge, 1,20 m Breite und 1 m Höhe sind im Durchschnitt 2,5 cbm Wasser erforderlich. Allgemein rechnet man auf 1 t fertigen Koks 0,5—0,8 cbm Löschwasser. Die Wasseraufnahmefähigkeit des Saarkoks ist sehr beträchtlich, sie geht bei gestampftem Koks bis 15 v. H., bei ungestampftem bis zu 25 v. H. Das Ablöschen darf nur so weit erfolgen, daß ein weiterer Abbrand des Kokskuchens verhindert wird. Der Wassergehalt des Koks soll 6—8 v. H. des Gesamtgewichts nicht übersteigen. Bei der Heinitzer Koksanlage beträgt er in fünfjährigem Durchschnitt 8 v. H.

Der abgelöschte Kokskuchen ist nicht von gleichmäßiger Beschaffenheit und liefert deshalb auch kein gleichmäßiges Erzeugnis, sondern zerfällt in Stücke, Kleinkoks und Lösch. Die ersteren stellen das Haupterzeugnis des Kokereibetriebes dar, während Kleinkoks und Lösch den Abfall bilden. Ihre Trennung folgt in einfachster Weise beim Verladen durch Anwendung von Koksgabeln mit einem Zinkenabstand von 35—65 mm, wodurch nur der großstückige Koks aufgenommen, das feinere Korn auf der Löschhalde zurückgelassen wird. Letzteres wird dann zur Trennung der höher bewerteten Kleinkokssorten von dem Lösch auf einfache Siebeinrichtungen gebracht. Das Mengenverhältnis von Stückkoks, Kleinkoks — auch Praschen genannt — und Lösch richtet sich sehr nach der Art der eingesetzten Kohle, deren mehr oder weniger guter Schmelzung und danach, ob die Kohle gestampft oder ungestampft eingesetzt wird. Angaben über das Verhältnis des Großkoks zum Abfallkoks sind für einige Kokereien in Anlage V zusammengestellt.

Die Verladung des Koks erfolgt entweder in hölzernen Tragkörben oder in besonderen Blechsturzwagen. Die ersteren erfreuen sich immer noch großer Beliebtheit, da sie die größtmögliche Schonung des Koks gewährleisten, sie erfordern jedoch kräftigere Arbeiter und entsprechend hohe Ladelöhne. Die angewendeten Sturzwagen sind einfache, zweiräderige Karren mit einer offenen Mulde aus Eisenblech, die mittels der Gabeln beladen und sodann in die Eisenbahnwagen ausgestürzt werden. Der in Heinitz gebräuchliche Karren wiegt leer 250 kg, beladen 650 kg. Bei denjenigen Hüttenkokereien, die den erzeugten Koks an Ort und Stelle verwenden, findet die Verladung des Koks unmittelbar auf die für die

Begichtung gebräuchlichen Kippkarren statt, die mittels besonderer Gestell-
wagen in Zügen zu den Hochöfen hingefahren werden.

Liegen die Ofenbatterien nicht unmittelbar bei den Verladegleisen,
so müssen Einrichtungen getroffen werden, den Koks zur Bahnrampe hin-
zubringen. Auf der Altenwalder Anlage, deren Ofengruppen verschiedene
Höhenlage haben, geschieht dies durch Abwärtsförderung der Kokskörbe
auf besonderen Wagen, die in Gestellen nach Art der Bremsbergförderung
unter gleichzeitiger Hebung leerer Wagen abgebremst werden.

Die sogenannten Handelskokereien besitzen noch besondere Anlagen,
um Großkoks auf bestimmte Korngrößen zu brechen und mit dem Abfallkoks zu sortieren, da die mittleren Kokssorten mit etwa 15—45 mm Korngröße sich besonderer Beliebtheit als Hausbrand für verschiedene Arten
von Füllöfen erfreuen.

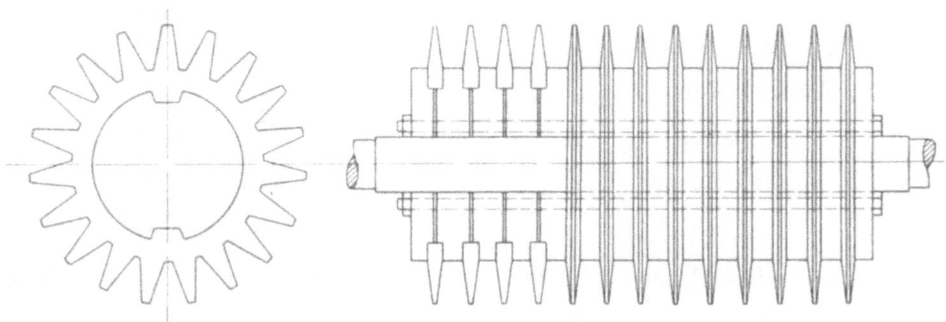

Fig. 42

Die Brechwerke bestehen aus einem Paar maschinell angetriebener,
gegeneinander laufender Walzen, auf welche Stahlringe mit schneidenartigen
Ansätzen aufgezogen sind (Fig. 42); sie liefern durch die mehr scherende
als brechende Wirkungsweise der Ringe ein ziemlich gleichmäßiges Korn
unter Vermeidung von übermäßig viel Staub- und Kleinkoks. Das ge-
brochene Gut wird auf einer mit Siebblechen von verschiedener Lochweite
versehenen Trommel abgesiebt, wodurch die den Ansprüchen der Abnehmer entsprechenden Sorten: Mittelkoks (55—80 mm), Kleinkoks I
(55—35 mm), Kleinkoks II (35—15 mm) und Erbskoks (15—8 mm) erfallen. Das unter 8 mm abgesiebte Korn, welches infolge starker Bei-
mengungen aschenhaltiger Bestandteile (Ofenabrieb usw.) ziemlich wertlos
ist, der sog. Lösch, findet teilweise Verwendung bei der Mörtelbereitung
an Stelle des Sandes, mit Vorliebe wird er jedoch zur Darstellung sog.
Löschsteine verbraucht, die als leichtes und zähes Baumaterial für Mauer-
werk geringerer Tragfähigkeit gern genommen werden.

Über die Kosten des Kokereibetriebes sind naturgemäß von den Privatkokereien Angaben nur schwer zu erhalten. Sie dürften bei allen Anlagen annähernd gleich sein, soweit nicht die Verwertung der Nebenerzeugnisse erhöhte Betriebskosten verursacht. Auf der staatlichen Koksanlage zu Heinitz stellten sich die Herstellungskosten für 1 t Koks im Rechnungsjahre 1902 wie folgt:

A. Löhne:

    a) Aufsicht . . . . 0,03 M.
    b) Beförderung der Kohle zu der Kohlenwäsche. . 0,09 „
    c) Löhne der Wäscher . . . . 0,20 „
    d) Beförderung der gewaschenen Kohlen zu den
       Öfen und Einsetzen . . . . 0,25 „
    e) Ziehen und Warten der Öfen, einschl. Maschinen-
       bedienung . . . . 0,47 „
    f) Nebenarbeiten . . . . 0,16 „
    g) Ausbesserungen . . . . 0,59 „

B. Materialien:

    Im ganzen . . . . 0,06 „

C. Generalkosten . . . . 0,24 „

                         Summe   2,09 M.

Eine andere Anlage gibt ihre Gestehungskosten auf 1 t Koks, einschließlich Praschen, wie folgt an:

    1. Kosten des Wäschebetriebes . . . . 0,61 M.
    2. Kosten des eigentlichen Kokereibetriebes . . . . 0,85 „
    3. Nebenkosten . . . . 0,56 „

                         Summe   2,02 M.

Eine Übersicht über die Betriebsverhältnisse der im Saarbezirk bestehenden Kokereien für das Jahr 1903 gibt Anlage V.

6. Die Verwertung der Abhitze.

Die Verwertung der Abhitze der Koksöfen zur Dampferzeugung begann im Saarrevier schon zu Anfang der 1860er Jahre, nachdem man von den offenen zu geschlossenen Öfen übergegangen war. Die anfänglichen Befürchtungen, den für einen guten Ofengang erforderlichen Zug in den Kanälen zu beeinträchtigen, waren verschwunden, nachdem man die durch das Einschalten der Kessel entstandenen größeren Widerstände durch entsprechend zugkräftigere Essen ausgeglichen hatte. Zunächst ging man in der Ausnutzung der Abhitze nur soweit, den für den eigentlichen Kokereibetrieb benötigten Betriebsdampf zu erzeugen, wofür jedoch meist schon ein Bruchteil der zur Verfügung stehenden Abhitze ausreichte. Aber schon bald hatte man erkannt, daß mit der Verwertung der Abhitze beträchtliche Gewinne zu erzielen sind, und das Bestreben ging immer mehr darauf hin, möglichst die ganze zur Verfügung stehende, überschüssige Hitze zur Dampferzeugung nutzbar zu machen und den erzeugten Dampf auch in anderen, von der Kokerei unabhängigen Betriebszweigen zu verwenden, wofür die Kosten langer Dampfleitungen und die entstehenden Kondensationsverluste gerne in Kauf genommen wurden. In der neuesten Zeit, wo die Entwickelung den Kraftzentralen für größere Anlagen auch im Saarrevier immer mehr Aufnahme gefunden hat, setzt man die in dem erzeugten Dampf enthaltene Energie an Ort und Stelle in hochgespannte elektrische Energie um und leitet diese unter wesentlich geringeren Verlusten zu den Verbrauchsstellen, wo sie entweder unmittelbar oder nach Spannungsherabsetzung zum Antrieb von Motoren verwendet wird. Dieser Zusammenfassung der Krafterzeugung in Verbindung mit dem Kokereibetrieb sind wieder neue Bahnen gewiesen worden, nachdem sich gezeigt hat, daß bei Gewinnung der Nebenerzeugnisse in den neuesten Koksofenformen nicht unbeträchtliche Mengen überschüssigen Gases frei werden, mit denen sich durch unmittelbare Verwertung in Gaskraftmaschinen gleichfalls große Energiemengen gewinnen lassen. Auf diese Verwertung des Koksofengases wird in dem letzten Abschnitt zurückzukommen sein. Hier handelt es sich zunächst nur um die eigentliche Abhitzenverwertung bei den gewöhnlichen, ohne Nebengewinnung arbeitenden Öfen.

Die Verbindung einer Kesselbatterie mit einer oder mehreren Koksofengruppen erfolgt in der einfachsten Weise so, daß die in dem Hauptgaskanal gesammelten Verbrennungsgase einer größeren Anzahl Öfen auf dem Wege zur Esse eine Gruppe von Dampfkesseln durchstreichen und hierbei den wesentlichsten Teil ihrer Hitze abgeben. Bei einer derartigen Anlage auf der westlichen Koksofenabteilung der südlichen Kokerei zu Heinitz sammelt sich die einer Gruppe von 18 Koksofen der breiten Form entweichende Abhitze in dem Hauptkanal, tritt aus diesem in eine Verteilungskammer und gelangt durch kurze Schächtchen und Blechkrümmer mit feuerfestem Futter aufsteigend in die Flammrohre der Dampfkessel; es sind dies hier drei Flammrohrkessel von je 87,3 qm Heizfläche. Somit kommen auf einen Ofen etwa 14,5 qm Heizfläche. Da die Dampfentnahme aus dieser Kesselgruppe an Sonn- und Feiertagen ruht, ist die Einrichtung getroffen, daß zur Vermeidung unnützer Wasserverdampfung in den Kesseln die Abhitze durch einen Umführungskanal unmittelbar zur Esse gehen kann. Der Kanal ist dicht vor dem Schornstein in der aus Fig. 43 ersichtlichen Weise durch Steinplatten BB abgedeckt; sollen die Kessel ausgeschaltet oder schwächer betrieben werden, so werden die

Durchlässe A ganz oder teilweise geöffnet, indem die Abdeckplatten B herausgenommen werden. Zur Ausnutzung der Abhitze stehen auch bei anderen Anlagen in der Hauptsache Kessel mit zwei Flammrohren von 60 bis 80 qm Heizfläche in Anwendung, da diese die geringste Bedienung und die wenigsten Ausbesserungen erfordern. Außer zur Dampferzeugung wird die Koksofenabhitze auf den Anlagen zu Heinitz und Dechen auch zum Betriebe von kleinen Gasanstalten benutzt, bei denen sie die unmittelbare Beheizung der Retorten ersetzt.

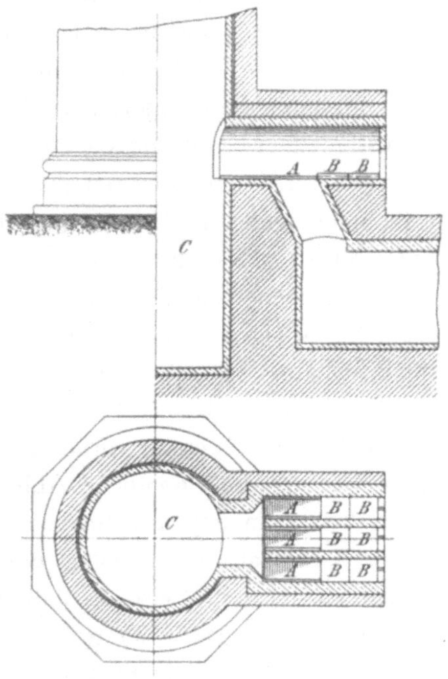

Fig. 43.

Die Bedeutung, welche die Verwertung der Abhitze mit der Zeit angenommen hat, ließ es schon bald erwünscht erscheinen, deren Wert auch rechnungsmäßig zu bestimmen, da er neben dem Erlös für die verkauften Erzeugnisse dem Kokereibetrieb gutgeschrieben werden mußte. Für die Wertermittlung wählte man allgemein den Weg, diejenige Menge an Heizkohle zu berechnen, die zur Erzeugnng einer und derselben Menge Dampf in Schürkesseln erforderlich wäre, wobei als gleichmäßige Annahme eine für die Saarfettkohle III. Sorte durch Versuche festgestellte sechsfache (neuerdings eine fünffache) Verdampfung zugrunde gelegt wurde. Die Voraussetzung dieser Wertbestimmung ist also die Ermittlung der bei Beheizung der Kessel mit der Koksofenabhitze erzielten tatsächlichen Verdampfung, welche für einen längeren Zeitraum erfolgen muß, um zu brauchbaren Durchschnittsergebnissen zu kommen. Indem man dann die verdampfte Wassermenge in Beziehung setzt zu der in die Öfen eingesetzten Kohle, erhält man Zahlen, die einen Vergleich zwischen zwei Anlagen ermöglichen, d. h. es ergibt sich je nach den Betriebsverhältnissen auf 1 t eingesetzter Kohle eine bestimmte Gewichtsmenge verdampften Wassers.

Für die Berechnung der dem Kokereibetrieb gutzuschreibenden Dampfmengen muß naturgemäß der im eigenen Betriebe verwendete Dampf in Abzug gebracht werden.

Eine hiernach aufgestellte Ermittelung des Wertes der Heizgase auf der südlichen Kokereianlage der Grube Heinitz hatte folgendes Ergebnis:

Die Abhitze einer Ofengruppe von 50 François-Rexrothschen Öfen von 1,20 m Breite und 6 m Länge beheizte eine Kesselbatterie von neun Flammrohrkesseln, von denen behufs Reinigung usw. durchschnittlich zwei außer Betrieb waren. Die übrigen sieben Kessel hatten zusammen eine Heizfläche von 440 qm; durch Versuche wurde festgestellt, daß bei regelmäßigem Ofenbetrieb eine durchschnittliche Verdampfung von 17 kg Wasser auf 1 qm Heizfläche in der Stunde zu erzielen war, sodaß in 24 Stunden $24 \cdot 17 \cdot 440$ kg $= 179,5$ t Dampf von 5—7 at Spannung erzeugt wurden. Die in einem Vierteljahr für den Betrieb eines Ofens durchschnittlich verwendete Kohlenmenge betrug 300 t Rohkohle von 4,5 v. H. Wassergehalt. Es betrug somit das Trockengewicht der zur Verkokung gelangten Rohkohle 286,5 t und bei 50 Öfen 14 325 t oder für den Tag $\dfrac{14\,325}{90} = 159,2$ t.

Es entsprechen also 159,2 t zur Verkokung gelangter (ungewaschener) Rohkohle 179,5 t verdampften Wassers, d. h. es kommen auf 1 kg trockene Rohkohle $= 1,13$ kg verdampftes Wasser. Rechnet man in diesem Beispiel den Waschverlust, den die Kokskohle erleidet, gleich dem ermittelten mittleren Aschengehalt der Rohkohle $= 24$ v. H., was den tatsächlichen Ergebnissen ziemlich genau entspricht, so ergeben die für 50 Öfen verwendeten 159,2 t Rohkohle 121 t gewaschene Kohle trocken, die mit einer durchschnittlichen Feuchtigkeit von 15 v. H. beim Einsetzen 139,2 t wiegen. Das Verhältnis der eingesetzten gewaschenen Kohle zu dem erzeugten Dampf ist danach $\dfrac{139,2}{179,2}$ oder $= 1 : 1,29$.

Bei einem neueren Versuche der Heinitzer Kokerei betrug die in einem Vierteljahr von einer Kesselanlage mit durchschnittlich 607,5 qm betriebener Heizfläche verdampfte Wassermenge 20 250 t; die in dem gleichen Zeitraum eingesetzte Rohkohle trocken, wie oben, 14 325 t. Hiernach kommen auf 1 kg eingesetzte Rohkohle sogar 1,41 kg verdampftes Wasser.

Die Temperatur der Heizgase vor und nach der Beheizung der Kesselanlage sind aus den Messungen No. 3 und 5 auf Taf. 11 ersichtlich.

Der Wert, den die ausgenutzte Abhitze einer Koksofenanlage darstellt, läßt sich nach obigem, wie folgt, berechnen: Durch Verdampfungsversuche wird festgestellt, welche Verdampfung durch Ausnutzung der Abhitze auf 1 qm Heizfläche in der Stunde zu erzielen ist und danach die in 24 Stunden von sämtlichen angeschlossenen Kesseln verdampfte Wassermenge berechnet. Das zur Erzeugung der gleichen Dampfmenge erforderliche Gewicht an Schürkohle beträgt bei Annahme sechsfacher Verdampfung $1/6$ des verdampften Wassers. Das Produkt aus der berechneten Kohlenmenge und dem jeweiligen Preis der Kesselkohle, für die allgemein die III. Sorte verwendet wird, stellt die Ersparnisse dar, die durch die Verwertung der Abhitze erzielt werden können. Dabei sind der größere Aufwand, den die Bedienung der Schürkessel gegenüber den Gaskesseln erfordert, sowie die höheren Kosten für Ausbesserungen bei den ersteren nicht in Rechnung gestellt.

Die für die südliche Koksanlage der Grube Heinitz hiernach berechnete Gutschrift für Koksofenabhitze betrug im Rechnungsjahre 1901 bei einem durchschnittlichen Preis der Kohle III. Sorte von 8,65 M. rund 109 373,87 M., oder bei einer Erzeugung von 37 510 t Koks 2,92 M. auf die Tonne Koks. Von dieser Zahl ist der Wert des für den eigentlichen Kokereibetrieb entnommenen Dampfes, welcher im vorliegenden Falle etwa $1/5 = 21 874,77$ M. oder 0,84 M. für eine Tonne erzeugten Koks beträgt, in Abzug zu bringen, weil dieser Betrag den Betriebskosten der Kokerei zur Last fällt. Es bleibt somit als wirkliche Gutschrift für den an andere Betriebe abgegebenen, mit Abhitze erzeugten Dampf ein Betrag von 87 499,10 M. oder auf 1 t Kokserzeugung 2,08 M.

Auf einer anderen Anlage des Saarbezirks werden von der Abhitze einer Batterie von 60 (schmalen) Coppée-Öfen von 6 m Länge eine aus 5 Dampfkesseln bestehende Kesselbatterie von zusammen 315 qm Heizfläche beheizt. Die durch Versuche festgestellte Dampferzeugung beträgt hier beim gewöhnlichen Betriebe der Koksöfen 6 cbm in der Stunde, in 24 Stunden demnach 144 cbm. Die für dieselbe Zeit zum Besetzen von rd. 36 Öfen (40-stündige Garungszeit angenommen) erforderliche Rohkohlenmenge (trocken) beträgt 144 t, sodaß in diesem Falle auf 1 kg eingesetzter Rohkohle genau 1 kg erzeugter Dampf entfällt. Diese Zahl wird von den Koksofentechnikern des Saarbezirks überschlägigen Berechnungen der mit Abhitze zu erzielenden Verdampfung allgemein zugrunde gelegt. Diejenigen Koksanstalten, welche den erzeugten Dampf nur im eigenen Kokereibetriebe zu verwenden in der Lage sind und hierfür meist nur eine geringere Anzahl von Kesseln benötigen, lassen noch beträchtliche Mengen von Abhitze durch die Essen entweichen, sodaß die von ihnen abgegebenen

Verdampfungsziffern auf 1 t eingesetzte Rohkohle zum Teil wesentlich geringer sind; sie beträgt beispielsweise bei einer Anlage nur 0,22 kg.

Die Lage einzelner Koksanstalten in unmittelbarer Nähe der größere Mengen Betriebsdampf erfordernden staatlichen Schachtanlagen (Dudweiler, Altenwald, Dechen) hat den Gedanken nahegelegt, den auf den Koksanstalten mittels der überschüssigen Abhitze billig zu erzeugenden Dampf gegen Entgelt an die Gruben abzugeben, doch haben die hierüber geführten Verhandlungen nur bei Dudweiler zu einem beide Teile befriedigenden Ergebnisse geführt, sodaß bei dieser Grube z. Zt. der für den Antrieb einer größeren elektrischen Zentrale erforderliche Dampf von der de Wendelschen Kokerei, welche unmittelbar an das Grubengebiet anstößt, nach einem bestimmten Berechnungsverfahren geliefert wird.

Einen bedeutenden Umfang hat die Abhitzeverwertung auf der Kokerei der Gebrüder Stumm zu Neunkirchen angenommen, woselbst mit der Abhitze von 354 Koksöfen (ohne Nebengewinnung) in 36 Dampfkesseln von zusammen 2000 qm Heizfläche während 24 Stunden rd. 700 000 kg Dampf für die verschiedensten Betriebszwecke des ganzen Werkes erzeugt werden. Hier wurden im großen Durchschnitt auf 1 kg zur Verkokung gelangte, trockene Rohkohle 0,8—0,9 kg Dampf erzielt. Für die Fortleitung des Dampfes stehen Leitungen zur Verfügung, welche insgesamt mehrere Kilometer Länge haben.

7. Die Gewinnung der Nebenerzeugnisse.

Bei dem hohen Gehalt der Saarkohle an flüchtigen Bestandteilen, die ihr einen guten Namen als Gaskohle verschafft haben, mußte der Gedanke, diese auch bei der Destillation der Kohle im Großbetrieb — bei den Kokereien — besser als lediglich zur Heizung von Dampfkesseln auszunutzen, sehr nahe liegen. Schon Dr. Schondorff hatte im Jahre 1875[*]) festgestellt, daß das berechnete Ausbringen von flüchtigen Bestandteilen bei der für die Verkokung allein in Frage kommenden Kohle des liegenden Saarbrücker Flözzuges 33,29 v. H. betrage, während nach Dr. Muck[**]) die westfälische Kohle nur bis zu 30 v. H. Gasausbringen erzielt. Es entspricht dies auch der schon erwähnten Tatsache, daß das Koksausbringen bei der Saarkohle wesentlich geringer ist als das der westfälischen Kohle.

Im einzelnen beträgt der von Dr. Schondorff gefundene Gehalt der Saarbrücker Fettkohle an flüchtigen Bestandteilen auf den Fettkohlengruben:

---

[*]) Vergl. Zeitschr. für Berg-, Hütten- und Salinenwesen. Band 23, S. 135 ff.
[**]) Chemische Beiträge zur Kenntnis der Steinkohlen, Bonn 1876.

König . . . . . 33,36 v. H.
Dechen . . . . 32,78 „ „
Heinitz . . . . 33,91 „ „
Altenwald . . . 34,03 „ „
Sulzbach . . . 32,53 „ „
Dudweiler . . . 32,43 „ „

Entsprechende Untersuchungsergebnisse der Fettkohlen der Fischbach-
gruben Maybach, Brefeld und Camphausen liegen, soweit dem Verfasser
bekannt ist, nicht vor. Sie dürften sich auch von den vorstehend für die
Gruben Altenwald, Sulzbach und Dudweiler ermittelten Werten nicht
wesentlich unterscheiden, da die letztgenannten Gruben in der Fortsetzung
im Einfallen der erstgenannten bauen. Das bei der Saarkohle zu erzielende Ausbringen an Teer und schwefelsaurem Ammoniak war schon
sehr früh durch Versuche in den Gasanstalten zu Saarbrücken und Kaisers-
lautern zu 5—6 v. H. Teer und 0,435—0,6 v. H. schwefelsauren Ammoniaks
festgestellt worden. Eine Anzahl in den Jahren 1896—1898 in der Heinitzer
Gasanstalt vorgenommener Vergasungsversuche mit Saarkohle sind in Anlage VI zusammengestellt. Wenn trotz der günstigen Ergebnisse der vorgenommenen Untersuchungen die Verkokung in Öfen, welche zur Mitgewinnung der Nebenerzeugnisse eingerichtet sind — im folgenden kurz Teeröfen genannt, — sich im Saarrevier nur schwer Eingang verschafft hat und
auch jetzt noch unter den Leitern der Koksanstalten des Saarbezirks Gegner
findet, so liegt dies einerseits daran, daß die Befürchtung bestand, bei Gewinnung der Nebenerzeugnisse seien die für ein gutes Schmelzen der
Kohle im Ofen erforderlichen Hitzegrade nicht zu erzielen, dann aber
hauptsächlich in dem Umstande, daß z. Zt. als sich in Westfalen die Teer-
ofenkokereien zu entwickeln begannen, im Saarrevier die sichere und gewinn-
bringende Ausnutzung der Heizgase zur Dampferzeugung schon weit vor-
geschritten war. Außerdem waren die ganzen Betriebsverhältnisse der
Werke auf die Dampflieferung durch die Koksanstalten zugeschnitten,
deren anderweitige Versorgung mit Betriebsdampf mit erheblichen Aus-
gaben verbunden gewesen wäre. Schließlich stand auch vereinzelt Mangel
an Raum der Aufnahme des Betriebes mit Gewinnung der Nebenerzeugnisse hindernd im Wege. Dies war beispielsweise bei den staatlichen Anlagen zu Heinitz der Fall, welche erst jetzt, nachdem durch den Ankauf
der Kokerei der Montangesellschaft Lothringen-Saar der erforderliche
Platz gewonnen ist, zu Teeröfen übergeht.

Es ist schon eingangs darauf hingewiesen, daß die Nutzbarmachung
der in der Kohle enthaltenen flüchtigen Bestandteile im Saarbezirk älter
ist, als die Verwertung des dabei erzielten Rückstandes, des Koks. Allerdings trat erstere wieder vollständig in den Hintergrund, nachdem die Be-

deutung des Koks für den Hochofenbetrieb erkannt worden war und die flüchtigen Bestandteile der Kohle in erster Linie dazu dienen mußten, die für die Verkokung erforderliche Hitze zu erzeugen.

Die Frage der Gewinnung der Nebenerzeugnisse im Kokereibetrieb tauchte dann erst zu Anfang der 1860er Jahre des vorigen Jahrhunderts wieder auf, nachdem auf verschiedenen Anlagen in Frankreich, Belgien und später auch in Westfalen durch Versuche festgestellt war, daß sich die flüchtigen Bestandteile der Steinkohle sehr wohl niederschlagen lassen, ohne daß Menge und Güte des erzeugten Koks eine Beeinträchtigung erfahren müssen. Die Entwicklung, welche die Darstellung von Leuchtgas und die Verwendung der dabei fallenden Nebenerzeugnisse in den Gasanstalten gerade in den Jahren 1860—1880 genommen hat, ebnete die Wege für die Nebengewinnungsanlagen bei der Kokserzeugung ganz erheblich. Im Saargebiet war es Dr. Schondorff, der langjährige Betriebsleiter der Heinitzer Koksanlagen, welcher dieser bedeutsamen Frage zuerst näher trat, und zwar geschah dies annähernd zu derselben Zeit, als Dr. Otto in Dahlhausen seine ersten für den praktischen Versuch bestimmten Öfen auf Zeche Holland in Westfalen baute. Die in den 1880er Jahren in Heinitz gemachten Versuche ergaben, daß auch bei der Saarkohle durch die Gewinnung der Nebenerzeugnisse nicht notwendig die Beschaffenheit des Koks verschlechtert wird; sie führten jedoch nicht zu weiterer Ausdehnung des Teerofenbetriebes und seien hier mit Rücksicht auf ihre genaue Beschreibung in dem Aufsatz von R. Remy: „Die Kohlenaufbereitung und Verkokung im Saargebiete*)" nicht weiter besprochen. Ebenso seien die von der Firma Gebr. Röchling in Völklingen schon früh angestellten Versuche, die zu einer Reihe eigener Patente führten, und die Versuche auf der Altenwalder Koksanlage nur erwähnt.

Wenn nach diesen Versuchen die Entwicklung des Baues von Teeröfen im Saargebiet anfangs ihre eigenen Wege gehen zu wollen schien, so zeigen die Neuanlagen der letzten zehn Jahre, daß sich die Anlehnung an die Fortschritte anderer, Koks erzeugender Bezirke, besonders des rheinisch-westfälischen Kohlenbeckens, als zweckmäßiger und für die Gesamtentwicklung der Nebenerzeugnisgewinnung vorteilhafter erwiesen hat. Die anfänglichen Bedenken, die Erfahrungen in der Verkokung von Kohlensorten aus anderen Bezirken ohne weiteres auf die Saarkohle zu übertragen, waren nach Inbetriebnahme der ersten, nach westfälischem Muster gebauten Teerkokereien bald verschwunden, da diese die Anpassungsfähigkeit der neueren Koksofenarten an die Verkokungsbedingungen der Saarkohle unzweifelhaft dartaten. Dazu wirkte, wie schon früher erwähnt, die Einführung des Stampfbetriebs fördernd auf den Übergang zu Teerkokereien

---

*) Zeitschrift für das Berg-, Hütten- und Salinenwesen, Bd. 38.

ein, da bei der gestampft eingesetzten Kohle eine etwaige Verschlechterung im Aussehen des erzielten Koks durch die größere Festigkeit reichlich wieder ausgeglichen wurde.

Nachdem im Saarrevier Teerkokereien bereits längere Jahre betrieben und die Verhältnisse einer richtigen Ofenheizung, worauf es für die Güte des Koks fast ausschließlich ankommt, genau erprobt worden sind, kann man von einem Unterschied zwischen Koks aus Teeröfen und solchen aus gewöhnlichen Öfen nicht mehr sprechen. Über die Vorteile, welche in wirtschaftlicher Beziehung mit den Teeröfen erzielt werden, sind bestimmte Angaben nicht zu erlangen, weil von den Nebenerzeugnisse gewinnenden Werken Mitteilungen über die erzielten Gewinne aus leicht begreiflichen Gründen nicht gemacht werden konnten. Es ist überhaupt schwer, einen richtigen Überblick über die Verhältnisse der Teerkokereien auf den Hüttenwerken an der Saar zu gewinnen, da die Verwaltungen in den Mitteilungen über ihre Betriebsergebnisse sehr zurückhaltend sind.

Die Gewinne, welche ohne Zweifel bei der Verkokung mit Teeröfen zu erzielen sind, setzen sich zusammen:

1. aus dem höheren Koksausbringen, welches der geschlossene Ofen gegenüber dem mit Abbrand arbeitenden alten Ofen ergibt,

2. aus den für Teer und schwefelsaures Ammoniak und stellenweise für Benzol zu erzielenden Einnahmen,

3. aus dem nach Beheizung des Koksofens verbleibenden Gasüberschuß (diesem Gewinn steht ein rechnungsmäßig leicht festzustellender Verlust an verwertbarer Abhitze entgegen),

4. aus der bei allen Ofenarten außer dem Wärmespeicherofen nutzbar zu machenden Abhitze.

Die in den Teeröfen zu erzielende Erhöhung des Koksausbringens ist bei einem Versuch, der im Jahre 1897 mit der Verkokung Heinitzer Kohle auf der Nebengewinnungsanlage der Oberschlesischen Kokswerke zu Poremba gemacht wurde, auf 3—4 v. H. ermittelt worden, wobei als durchschnittliches Ausbringen für gewöhnliche Öfen, bezogen auf die trockene Rohkohle, nach den damaligen Betriebsergebnissen der Heinitzer Kokerei 53 v. H. zugrunde gelegt wurde. Man darf daher wohl mit Sicherheit annehmen, daß das Ausbringen der Teeröfen im Dauerbetrieb um etwa 2 v. H. höher ist, als das der gewöhnlichen Rexrothischen bezw. Coppéeschen Öfen.

Das Ausbringen an Teer wurde bei dem im Jahre 1897 vorgenommenen Verkokungsversuche in Oberschlesien auf 2,7—3,5 v. H. der eingesetzten trockenen Kohle ermittelt, während an Ammoniak 0,18 bis 0,209 v. H. entsprechend 0,7—0,8 v. H. verkaufsfähigem Ammoniaksulfat erzielt worden sind. Die Hüttenwerke des Saarbezirks, welche mit Teeröfen arbeiten, geben das Teerausbringen ziemlich übereinstimmend zu 3,9 bis 4 v. H., bezogen auf den trockenen Einsatz, an. Für Westfalen rechnet man allgemein nur mit einem Teerausbringen von 3—3,5 v. H., so daß die Saarbrücker Fettkohle in dieser Hinsicht günstiger steht. Dagegen bleibt das Ergebnis an Ammoniaksulfat bei der Saarkohle hinter den westfälischen Zahlen zurück. Es beträgt im Durchschnitt 0,8—0,9 v. H. gegen 1,1—1,3 v. H. in Westfalen.

Der aus dem Verkauf der Nebenerzeugnisse zu erzielende Rohgewinn beträgt, auf 1000 t trockene Rohkohle bezogen, bei einem mittleren Preis von 23 M. für 1000 kg Teer und von 230 M. für 1000 kg Ammoniaksulfat $= 1000 \cdot 0,04 \cdot 23 + 1000 \cdot 0,008 \cdot 230 = 2760$ M. Die jährlich im Saarrevier verkokte Menge an Fettkohle 3. Sorte beträgt $1^3/_4$ Mill. t (mit rd. 3 v. H. Wassergehalt). Von dieser Menge wird jetzt höchstens $^1/_4$ in Teeröfen durchgesetzt, so daß bei überall durchgeführter Gewinnung der Nebenerzeugnisse noch rd. 3,8 Mill. M. an Einnahmen für Teer und Ammoniumsulfat mehr erzielt werden können, wie jetzt.

Der Gasüberschuß, der bei den Teerkokereien zu erzielen ist, richtet sich hauptsächlich nach der Ofenart. Er beträgt bei Wärmespeicheröfen älterer Form, wie durch Versuche festgestellt ist, rd. $^2/_5$ des Gesamtgasausbringens. Da letzteres bei der Saarfettkohle im Durchschnitt zu 300 cbm für 1 t trockenen Einsatz angenommen werden kann, so ergibt sich bei diesen ein Gasüberschuß von 120 cbm für 1 t Einsatz. Bei Wärmespeicheröfen neuerer Art kann der Überschuß zu rd. der Hälfte des Gesamtgasausbringens, also zu 150 cbm für 1 t trockenen Einsatz angenommen werden. Bei den Ottoschen Unterbrenneröfen älterer Form beträgt der Gasüberschuß etwa 20 cbm, bei den neuesten Öfen dürfte er sich auf 60 cbm für 1 t steigern lassen. Leider liegen hierüber zuverlässige Angaben noch nicht vor.

Den Wert, den die Gasüberschüsse darstellen, veranschaulicht folgende Rechnung. In den neuen großen Gasmotoren werden auf eine Pferdekraftstunde durchschnittlich 0,6 cbm Koksgas von 4100 Kal. gerechnet. 100 cbm überschüssiges Gas vermögen daher rd. 165 PS/Stunden zu erzeugen; da nach obigen Angaben bei Wärmespeicheröfen auf 1000 t trockenen Einsatz an Kohlen 120—150 000 cbm Gasüberschuß entfallen, so berechnet sich die Zahl der in diesen Koksöfen auf 1000 t Einsatz freizumachenden Pferdekraftstunden auf rd. 200 000. Die Bedeutung dieser Zahlen für die Krafterzeugung im großen liegt auf der Hand.

Von den Ende 1903 im Saargebiet in Betrieb befindlichen 1967 Koksöfen arbeiteten 242 oder 12,3 v. H. mit Gewinnung der Nebenerzeugnisse. Diese Teeröfen verteilen sich auf die einzelnen Anlagen, wie folgt:

1. 122 Öfen auf der Altenwalder Koksanlage der Gebr. Röchling, teils eigener, teils Ottoscher Art, erbaut in den Jahren 1888—1895,

2. 90 Öfen auf der Kokerei der Halberger Hütte zu Brebach, davon $^1/_3$ Otto-Hoffmannsche Wärmespeicheröfen und $^2/_3$ Ottosche Öfen mit Unterbrennern, erbaut 1891—95,

3. 30 Öfen auf dem Eisenwerk der Gebr. Stumm in Neunkirchen (Ottosche Unterbrenneröfen), erbaut 1897.

Die auf der Völklinger Kokereianlage vorhandenen 152 Koksöfen Ottoscher Art sind für Gewinnung der Nebenerzeugnisse gebaut, werden aber vorläufig noch ohne solche betrieben.

An neuen Teerofenanlagen sind — zum Teil schon für das Jahr 1904 — in Bau, bezw. in Aussicht genommen:

61 Öfen auf dem Neunkircher Eisenwerk,

72 „ „ der Burbacher Hütte,

180 „ „ „ Dillinger Hütte,

23 „ „ „ Halberger Hütte zu Brebach,

30 „ „ „ staatlichen Koksanlage zu Heinitz

zusammen 366 Öfen.

Aus diesen Zahlen dürfte hervorgehen, daß der Übergang zur Gewinnung der Nebenerzeugnisse auch im Saargebiet große Fortschritte zu machen im Begriff ist. Es mag hier noch Erwähnung finden, daß auch auf den Deutschen Solvay-Werken, A.-G., zu Saaralben in Lothringen eine kleine Kokerei von 25 Semet-Solvay-Öfen in Betrieb steht, auf welcher Saarkohle von den pfälzischen Steinkohlengruben verarbeitet wird. Die Anlage hat im Jahre 1902 16 000 t Koks erzeugt, der im eigenen Betriebe verwendet wurde.

Die meisten Koksöfen, welche zur Zeit für die Mitgewinnung der Nebenerzeugnisse im Saargebiet in Betrieb stehen, sind Ottosche Öfen verschiedener Bauart. Der Otto-Ofen hat allgemein 10—10,3 m Länge, 0,5 m Breite und 1,9 m Höhe bis zu den Gewölbekämpfern, wovon etwa 1,7 m als freie Beschickhöhe anzunehmen ist. Die Ofenkammer ist an der Löschseite um 4—5 cm breiter, als an der Maschinenseite, um den Kokskuchen leichter ausdrücken zu können. Die Einsatzmenge beträgt auf den etwa 8,5 cbm fassenden Kammerraum rd. 6,7 t gewaschene Kohle von 12—14 v. H. Wassergehalt. Die Garungsdauer eines Ofens wird gleichmäßig zu 38—40 Stunden angegeben. Man hat in Altenwald Versuche gemacht, die Garungszeit in Öfen mit ganz schmaler Kammer (38 cm) bis auf 24 Stunden herunterzudrücken, doch ergab sich hierbei ein zu kleinstückiger Koks. Die jährliche Leistung eines Ofens beträgt bei der angegebenen Garungszeit 870 bis 930 t.

Die Verkokung in Teeröfen stellt sich als eine Retortenverkokung dar, es findet also eine Luftzufuhr ins Ofeninnere, wie bei den gewöhnlichen Öfen, nicht statt. Die aus der Kohle austretenden Gase werden für sich abgesaugt und einer Reinigung, Kühlung und Verdichtung unterworfen, bei welcher die verschiedenen Nebenerzeugnisse, vor allem Teer und Ammoniak, gewonnen werden. Die gekühlten Gase gehen zum Ofen zurück und geben bei ihrer Verbrennung die für die Destillation der Kohle erforderliche Hitze an die Ofenwände ab. Zur Erzeugung möglichst hoher Temperaturen im Ofen wird die Verbrennungsluft nach Möglichkeit vorher angewärmt. Die verbrannten Gase sammeln sich in besonderen Kanälen und werden durch die Esse abgesaugt. Die verschiedenen Ottoschen Öfen unterscheiden sich hauptsächlich in der Art, wie sie die Heizgase führen und die Luftvorwärmung bewirken.

Der Otto-Hoffmannsche Wärmespeicherofen, der im Laufe der Jahre verschiedene Verbesserungen erfahren hat, wärmt die Verbrennungsluft in der Weise vor, daß die Hitze der von den Öfen kommenden Verbrennungsgase von dem Wärmespeicherkanal aufgenommen wird, welcher sie nach der Zugumstellung wieder an die alsdann eintretende Verbrennungsluft abgibt. Auf diese Weise wird mit der Abhitze, welche etwa $1100-1200^0$ beim Verlassen der Öfen beträgt, eine Vorwärmung der Verbrennungsluft bis zu 800^0 erzielt. Die Zugumstellung erfolgt stündlich. Wegen der Einzelheiten der Ofengestaltung mag auf die reiche, einschlägige Literatur hingewiesen werden.*) Eine Zeichnung des Ofens, wie ihn beispielsweise die Halberger Hütte gebaut hat, ist auf Tafel 12 beigegeben.

In dem älteren Ottoschen Unterfeuerungsofen, der in Fig. 1 bis 3, Taf. 13 dargestellt ist, erfolgt die Ofenheizung mit den aus der Kondensation kommenden Gase in der Weise, daß diese in besonderen, dem Bunsenbrenner nachgebildeten Düsen in die Wandzüge des Koksofens ausbrennen, wobei eine Erwärmung der Verbrennungsluft bis auf etwa 100^0 dadurch stattfindet, daß die Luft in den unter den Ofen verlaufenden Kanälen die von der Koksofensohle ausstrahlende Wärme aufnimmt. In den neueren, jetzt im Bau befindlichen Öfen will Dr. Otto durch Höherlegen der Brenner im Ofenpfeiler eine bessere Vorwärmung der Verbrennungsluft, gleichzeitig auch eine bessere Heizung der Ofenwände erzielen. Dieser neueste Ofen ist auf Tafel 14 wiedergegeben.

Der Ottosche Unterbrennerofen, bezüglich dessen Ausführung im einzelnen ebenfalls auf die Literatur**) verwiesen wird, gewährt den Vor-

---

*) Stahl und Eisen, Jahrgänge 1894, 1895, 1896, ferner 1897 S. 10, 1898 S. 518, 551, 717. — Simmersbach, Die Fortschritte der Koksfabrikation im O. B. A.-Bezirk Dortmund in den letzten 10 Jahren. Ztschr. f. B. H. u. Sal. W. Bd. 44, S. 402. — Ztschr. „Glückauf", Jahrg. 1896, 1898, 1900 u. 1901.

**) Vergl. vorstehende Bemerkung.

teil einer sehr guten Hitzeregelung des Ofens durch entsprechende Vermehrung -oder Verminderung in der Zufuhr der Verbrennungsluft. Dagegen ist der Gasüberschuß nicht so groß, wie bei den Wärmespeicheröfen, da die Ofenheizung an sich mehr Gas erfordert. Dem steht allerdings wieder eine höhere nutzbar zu machende Abhitze gegenüber, da die Verbrennungsgase mit etwa 1000—1200° Temperatur unter Dampfkessel geführt werden können.

Die in Neunkirchen seit dem Jahre 1897 in Betrieb befindliche Teerofenbatterie von 30 Öfen ist nach der älteren Ottoschen Art gebaut. Die Anzahl der die Ofenwände heizenden Düsen beträgt 12. Die ganze Anlage erzeugt nach Angabe des Werks bei einer 40-stündigen Garungszeit und 6,7 t Einsatz für den Ofen in 24 Stunden außer etwa 85 t Koks im ganzen 36 000—38 000 cbm, auf den Ofen also 1200—1300 cbm Gas, das nach einer im Werkslaboratorium vorgenommenen Untersuchung folgende Zusammensetzung hat:

$$
\begin{aligned}
CO_2 &\quad\ldots\quad\ 4 \quad \text{v. H.} \\
C_n H_{2n} &\quad\ldots\quad\ 3{,}2 \quad\text{„ „} \\
O &\quad\ldots\quad\ 0{,}2 \quad\text{„ „} \\
CO &\quad\ldots\quad\ 6{,}6 \quad\text{„ „} \\
CH_4 &\quad\ldots\quad 27 \quad\text{„ „} \\
H &\quad\ldots\quad 42 \quad\text{„ „} \\
N &\quad\ldots\quad 16 \quad\text{„ „} \\
\hline
&\qquad\quad\ 99{,}6 \ \text{v. H.}
\end{aligned}
$$

Mit der Abhitze der Öfen werden 4 Kessel mit rund 400 qm Heizfläche gefeuert, wobei eine durchschnittliche Verdampfung von 12 kg Wasser auf 1 qm Heizfläche erzielt wird. Nach der auf S. 109 mitgeteilten Berechnungsweise ergibt sich in diesem Falle eine Verdampfung, bezogen auf 1 kg in den Öfen eingesetzter Rohkohle, von rund 0,8 kg Wasser.

Auf dem Neunkircher Werk bleibt bei den Unterbrenneröfen ein Gasüberschuß, der noch nicht näher bestimmt worden ist, aber auf rund 2500 cbm Gas in 24 Stunden geschätzt wird. Er wird seit 2 Jahren in einem einfach wirkenden Viertaktmotor der Nürnberger Maschinenbau-Aktiengesellschaft zum Betrieb einer Gebläsemaschine ausgenutzt. Die hier in 24 Stunden geleisteten Pferdekraftstunden werden zu 4320 angegeben, sodaß bei dem für den gleichen Zeitraum angenommenen Gasverbrauch von 2500 cbm auf 1 PS-Stunde 600 l Gas entfallen, was der oben gegebenen Zahl entspricht. Da man für die Erzeugung einer Pferdekraftstunde in einer neueren Dampfmaschine 9 kg Dampf von 6—8 at rechnet, so entsprechen also bei der Krafterzeugung 9 kg Dampf 0,6 cbm Koksgas. Mit einem Einsatz von 1 t Rohkohle trocken lassen sich nach den oben gemachten Angaben einerseits 120—150 cbm überschüssiges Gas erzielen, andererseits rund 800—900 kg Wasser verdampfen, wobei noch ein kleiner Gasüberschuß verbleibt. Es lassen sich daher auf dem ersteren Wege 200—250 PS-Stunden nutzbar machen, während bei der Umsetzung der Gase in Dampf nur 90—100 PS-Stunden auf 1 t Einsatz zu erzielen sind. Durch diese Zahlen ist die Bedeutung, welche dem Betrieb von Großgasmotoren innewohnt, am besten veranschaulicht.

Die Nutzbarmachung des Gasüberschusses der 30 Otto-Hoffmannschen Öfen erfolgt bei der Halberger Hütte zu Brebach ausschließlich zur Beleuchtung und Heizung im Hüttenbetriebe, wofür täglich etwa 30 000 cbm Gas verbraucht werden. Die außerdem zur Verfügung stehende Abhitze der 60 Ottoschen Unterbrenneröfen wird in 8 Kesseln von zusammen 750 qm Heizfläche zur Dampferzeugung ausgenutzt, und zwar werden hier nach neuerdings angestellten Versuchen in 24 Stunden 131 250 kg Wasser verdampft, was einer Verdampfungsziffer von 7,3 kg auf 1 qm Heizfläche entspricht. Auf 1 kg eingesetzte Rohkohle berechnet sich die verdampfte Wassermenge zu etwa 0,4 kg.

Über die Verwertung des Gasüberschusses und der Abhitze der Öfen zu Altenwald sind von den Röchlingschen Eisen- und Stahlwerken zu Völklingen Angaben nicht zu erhalten gewesen. Eine weitgehende Verwendung zur Krafterzeugung dürfte daselbst mangels der erforderlichen Kraftverbrauchsstellen kaum stattfinden.

Bei der im Jahre 1904 auf der staatlichen Anlage zu Heinitz zu errichtenden Teerofenkokerei, für welche man zur Erzielung eines größtmöglichen Gasüberschusses den Wärmespeicherofen gewählt hat, sind für die Ausnutzung des Gasüberschusses zwei 600-pferdige doppelt wirkende Viertakt-Tandemmotoren in Aussicht genommen. Diese Anlage soll außerdem den gesamten Leucht- und Heizgasbedarf der Gruben Heinitz und Dechen, nebst Beamtenwohnungen, von insgesamt 400 000 cbm jährlich liefern und hierdurch die unwirtschaftlich arbeitende Gasanstalt der genannten Gruben entbehrlich machen.

Auf die Anordnung und die Betriebsweise der mit den Teerkokereien verbundenen Gaskühlungs- und Verdichtungsanlagen im einzelnen näher einzugehen, dürfte außerhalb des Rahmens der vorliegenden Arbeit fallen. Das Wissenswerte darüber enthält die einschlägige Literatur der letzten Jahre. Es mag hier nur kurz Erwähnung finden, daß auch bei den Verdichtungsanlagen der Saarkokereien das Ottosche System fast allgemein Anwendung findet, wenn vereinzelt auch Abweichungen anzutreffen sind.

Der Gang der Verdichtung und Reinigung ist allgemein der folgende: Die aus den Öfen infolge des natürlich vorhandenen oder künstlich erzeugten Zuges austretenden heißen Gase werden in einer oder zwei, über den Öfen angeordneten, meist geschlossenen Vorlagen gesammelt, gelangen zu einer Anzahl von Luftkühlern, nachdem sie vorher schon in Tauchkästen die sogenannten Teerverdickungen zurückgelassen haben, durchziehen dann einen oder mehrere mit Gegenstrom arbeitende Wasserkühler, in denen sich Teer- und Ammoniakwasser verdichten, welche gemeinsam der Hauptsammelgrube zufließen.

Hinter den Wasserkühlern ist meist ein Exhaustor eingeschaltet, der den Ofenzug erzeugt und die Gase in die zur Weiterverarbeitung dienenden Vorrichtungen drückt. Dies sind Glockenwascher oder Hordenapparate, die den Gasen die letzten Spuren von Ammoniak durch innige Berührung mit der Waschflüssigkeit — teils schwaches Ammoniakwasser, teils reines Wasser — entziehen. Derartig abgekühlt, gelangt das Gas entweder unmittelbar zu den Öfen zurück oder es wird einem zur Druckausgleichung vorhandenen Gasometer zugeführt.

Von den in der Sammelgrube nach dem spezifischen Gewicht sich scheidenden Nebenerzeugnissen Teer und Ammoniak wird nur das letztere weiter an Ort und Stelle verarbeitet, während der Teer an chemische Fabriken verkauft wird. Die Ammoniakverarbeitung besteht aus einer Anreicherung des Ammoniakwassers in ununterbrochen arbeitenden Verdampfungsapparaten (Feldmannschen Apparaten) und in einer Umsetzung zu Ammoniaksulfat durch Einleitung der ammoniakhaltigen Wasserdämpfe in Kasten mit Schwefelsäure von 60° Beaumé. Das aus den Sättigungskästen ausgeschlagene Ammoniaksulfat wird in besonderen Räumen getrocknet und sodann als Düngemittel verkauft.

Es bleibt noch zu erwähnen, daß bei den Destillationsanlagen zu Altenwald und Brebach Benzolfabriken, die letztere nach Hirzelscher Anordnung, in Betrieb sind. Das erzielte Benzolausbringen beträgt 0,9 bis 1,0 v. H. der zur Verkokung gelangten Rohkohle. Es gilt als feststehend, daß die Benzolentziehung aus den Koksofengasen deren Heizwert nicht unwesentlich herabsetzt, worauf auch die geringere Verdampfung bei den oben mitgeteilten Verdampfungsversuchen der Halberger Hütte zurückzuführen sein dürfte.

Anlagen.

Rätteranlagen.

Lfd. Nr.	Schachtanlage, bezw. Grube	Tägliche Betriebszeit Stunden	Tägliche Leistung t	Stärke der Antriebsmaschine effektive PS	Die Anlage ist gebaut von	im Jahre
1	Eisenbahnschächte der Grube Kronprinz	10	1540	80	Schüchtermann & Cremer, Dortmund	1893
2	Albertschacht der Grube Serlo	16	1450	56	F. Baum, Herne i. W.	1898
3	Grube Viktoria	16	2100	55	Schüchtermann & Cremer, Dortmund	1901
4	Burbachstollen der Grube von der Heydt	9	1950	35	desgl.	1880
5	Grube Dudweiler	16	2800	36	desgl.	1881
6	„ Sulzbach	10	700	15	desgl.	1893
7	„ Altenwald	16	2000	30	F. Baum, Herne i. W.	1887
8	„ Reden	16	1900	21	Böcking, Neunkirchen	1878
9	„ Itzenplitz	9	1150	28	Schüchtermann & Cremer, Dortmund	1895
10	„ Heinitz	16	3000	75	Jul. Schäfer, Düsseldorf	*1881
11	„ Dechen	16	1500	25	F. Baum, Herne i. W.	1894
12	„ König	16	1400	41	Schüchtermann & Cremer, Dortmund	1898
13	„ Kohlwald	16	1450	11	Jul. Schäfer, Düsseldorf	*1884
14	„ Maybach	16	2000	50	Zur Hälfte von Schüchtermann & Cremer, Dortmund, zur Hälfte von F. Baum in Herne i. W.	1885 1890
15	Schacht I der Grube Friedrichsthal	12	1500	22	F. Baum, Herne i. W.	1896
16	Grube Göttelborn	9	950	100	Schüchtermann & Cremer, Dortmund	1894
17	„ Camphausen	16	1650	8	Schüchtermann & Cremer, Dortmund und eigene Werkstatt	1883 und 1893
18	„ Brefeld	16	1200	25	Schüchtermann & Cremer, Dortmund	1880
			Summe ..	713		

* teilweise umgebaut.

<u>**Anlage II.**</u>

Die Kohlenwäschen der staatlichen Gruben.

Lfd. Nr.	Grube	Schachtanlage	Art der Wäsche	Stündliche Leistung t	Stärke der Antriebsmaschine effekt. PS	Die Wäsche ist gebaut von	im Jahre	Bemerkungen
1	Schwalbach	Eisenbahnschacht	Grobkornwäsche für Magerkohlen (15—80 mm)	35	65	Schüchtermann & Cremer, Dortmund	1900	
2	Serlo	Albertschacht	Flammkohlenwäsche (0—80 mm)	75—80	110	F. Baum, Herne i. W.	1892	
3	Von der Heydt	Am Burbachstollen	Flammkohlenwäsche (0—80 mm)	120	150	Schüchtermann & Cremer, Dortmund	1888	Für 3 Gruben gemeinsam.
4	Dudweiler	SkalleySchächte	Grobkornwäsche (35—80 mm)	30	46	desgl.	1895	
5	Sulzbach	MellinSchächte	Grob- und Feinkornwäsche (0—80 mm)	60	160	desgl.	1896	
6	Reden	RedenSchächte	Flammkohlenwäsche (0—80 mm)	60	80	desgl.	1894	
7	Itzenplitz	ItzenplitzSchächte	desgl.	65	80	desgl.	1894	
8	Heinitz	HeinitzSchächte	Grobkornwäsche (35—80 mm)	40	100	F. Baum, Herne i. W.	1903	Antrieb erfolgt elektrisch.
9	desgl.	Kokerei Süd	Kokskohlenwäsche	50	230	Schüchtermann & Cremer, Dortmund	1883	
			Summe . .		1021			

Lfd. Nr.	Grube	Schacht-anlage	Art der Wäsche	Stündliche Leistung t	Stärke der Antriebs-maschine effekt. PS	Die Wäsche ist gebaut von	im Jahre	Bemer-kungen
			Uebertrag . .		1021			
10	Heinitz	Kokerei Nord	Koks-kohlen-wäsche	45	120	?	1878	Früher Montange-sellschaft Lothr. Saar.
11	Dechen	Dechen-Schächte	Grobkorn-wäsche (35—80 mm)	40	100	F. Baum, Herne i. W.	1903	Antrieb erfolgt elektrisch.
12	König	Wilhelm-Schächte	Grobkorn-wäsche (35—85 mm)	30	41	desgl.	1901	
13	Friedrichsthal	Schacht I	Flamm- und Fettkohlen-wäsche (0—80 mm)	65	60	desgl.	1896	
14	Maybach	Schacht Marie u. Albert	Grobkorn-wäsche	20	100	Schüchtermann & Cremer, Dortmund	1903	
15	Göttelborn	Förder-schächte	Flamm-kohlen-wäsche (0—80 mm)	75	120	desgl.	1903	
16	Brefeld	Brefeld-Schächte	Grobkorn-wäsche (25—65 mm)	36	50	desgl. Von F. Baum umgebaut	1893 1902	
			Summe . .		1612			

Anlage III.

Die Kohlenwäschen der privaten Koksanstalten.

Lfd. Nr.	Die Wäsche gehört		Es wird verwaschen	Stündliche Leistung	Stärke der Antriebsmaschine	Die Wäsche ist erbaut		Bemerkungen
	zur	in		t	PS	von	im Jahre	
1	Koksanlage d. Hüttenvereins Sambre und Mosel	Dechen	Grieskohle (0—35 mm)	45	100	Schüchtermann & Cremer, Dortmund		
2	Koksanlage der Burbacher Hütte	Burbach	desgl.	72	420	Schüchtermann & Cremer, Dortmund	1885	Wäsche West
3	desgl.	desgl.	desgl.	80	440	desgl.	1897	Wäsche Ost
4	Koksanlage d. Eisenwerks Gebr. Stumm	Neunkirchen	desgl.	40	300	desgl.		Aeltere Wäsche
5	desgl.	desgl.	desgl.	60	600	desgl.	1902	Neue Wäsche
6	de Wendelsche Koksofenanlage	Dudweiler	desgl.	60 bis 70	500	desgl.		Aeltere Wäsche Neue Wäsche kommt erst 1904 in Betrieb
7	Koksofenanlage der Firma Gebr. Röchling	Altenwald	desgl.	65	400	desgl.		Im Jahre 1897 umgebaut
8	Koksofenanlage der Firma Gebr. Röchling	Völklingen	desgl.	60	200	F. Méguin, Dillingen	1902	
9	Koksofenanlage der Halberger Hütte	Brebach	desgl.	—	140	Aelteres System von Schüchtermann & Cremer, umgebaut		
			Summe . .		3100			

Kokserzeugung des Saarreviers

Lfd. Nr.	Name der Anlage	1893			1894		
		Empfangene Rohkohlen	Erzeugter Koks	Ausbringen	Empfangene Rohkohlen	Erzeugter Koks	Ausbringen
		t	t	%	t	t	%
1	De Wendelsche Kokerei in Sulzbach	172 863	96 422	55,779	191 027	112 910	59,107
2	Hüttenverein Sambre und Mosel, Dechen	137 679	72 399	52,585	170 514	91 390	53,597
3	Montangesellschaft Lothringen - Saar, Heinitz	83 758	46 500	55,517	98 524	53 200	53,997
4	Gebrüder Stumm, Neunkirchen . .	198 585	108 454	54,613	210 410	117 089	55,648
5	Burbacher Hütte zu Burbach	195 653	91 048	46,535	224 707	112 350	44,419
6	Halberger Hütte zu Brebach	85 410	44 730	52,371	93 765	48 990	52,248
7	Röchlingsche Eisen- und Stahlwerke zu Völklingen und Altenwald . . .	168 028	86 485	51,471	194 634	101 121	51,954
8	Staatliche Koksanstalt auf Grube Heinitz	67 908	42 243	62,206	95 035	54 133	56,961
	Summe . .	1 109 884	588 281	53,004	1 278 616	691 183	54,057

in den letzten 10 Jahren.

1895			1896			1897		
Empfangene Rohkohlen	Er-zeugter Koks	Aus-bringen	Empfangene Rohkohlen	Er-zeugter Koks	Aus-bringen	Empfangene Rohkohlen	Er-zeugter Koks	Aus-bringen
t	t	%	t	t	%	t	t	%
194 469	113 985	58,613	216 440	122 841	56,755	210 620	122 494	58,159
155 797	89 401	57,383	145 908	90 658	62,134	146 992	90 730	61,724
95 812	54 752	57,145	107 005	57 600	53,840	118 534	63 935	53 938
212 211	120 379	56,726	223 639	120 765	54,000	249 857	137 022	54,840
217 535	104 410	47,997	226 630	105 224	46,430	277 873	130 406	46,930
94 651	49 038	51,829	98 702	52 815	53,510	137 142	74 839	54,570
238 219	121 482	50,996	253 973	130 135	51,240	258 342	131 139	50,762
104 660	58 968	51,809	115 990	65 870	56,789	127 960	69 449	54,274
1 313 354	712 415	54,244	1 388 287	745 908	53,730	1 527 320	820,014	53,690

Kokserzeugung des Saarreviers

Lfd. Nr.	Name der Anlage	1898			1899		
		Empfangene Rohkohlen	Er-zeugter Koks	Aus-bringen	Empfangene Rohkohlen	Er-zeugter Koks	Aus-bringen
		t	t	%	t	t	%
1	De Wendelsche Kokerei in Sulzbach	192 300	113 274	58,905	173 590	104 320	60,096
2	Hüttenverein Sambre und Mosel, Dechen	127 247	75 823	59,587	109 405	66 815	61,071
3	Montangesellschaft Lothringen - Saar, Heinitz	107 610	61 740	57,374	106 724	61 877	57,979
4	Gebrüder Stumm, Neunkirchen . .	281 535	155 130	55,101	294 876	164 623	55,828
5	Burbacher Hütte zu Burbach	441 930	212 069	47,987	446 072	215 393	48,287
6	Halberger Hütte zu Brebach	144 000	75 708	52,575	145 080	74 698	51,487
7	Röchlingsche Eisen- und Stahlwerke zu Völklingen und Altenwald . . .	316 865	168 425	53,154	346 665	181 250	52,284
8	Staatliche Koks-anstalt auf Grube Heinitz	118 320	57 388	48 502	109 515	55 866	51,012
	Summe . .	1 729 807	919 557	53,160	1 731 927	924 842	53,400

Anlage IV.

in den letzten 10 Jahren.

1900			1901			1902			Durch-schnitt-liches Ausbringen in 10 Jahren
Empfangene Rohkohlen	Er-zeugter Koks	Aus-bringen	Empfangene Rohkohlen	Er-zeugter Koks	Aus-bringen	Empfangene Rohkohlen	Er-zeugter Koks	Aus-bringen	
t	t	$^0/_0$	t	t	$^0/_0$	t	t	$^0/_0$	$^0/_0$
168 920	98 757	58,464	186 080	110 000	59,114	198 450	112 888	56,885	58,188
108 870	62 387	57,304	51 712	27 622	53,415	—	—	—	51,880 War vom 1. Juli 1901 ab eingestellt.
104 715	58 471	55,838	106 000	62 790	59,236	112 650	66 907	59,394	56,426
302 404	169 288	55,981	292 767	163 866	55,971	305 757	171 473	56,081	55,479
441 467	205 865	46,632	414 395	194 263	46,879	450 035	216 605	48,131	47,023
144 822	79 269	54,735	147 612	83 047	56,260	159 123	97 619	61,348	54,093
364 018	181 610	49,890	384 980	192 296	49,950	430 502	221 354	51,418	51,312
105 872	51 834	48,959	77 815	37 512	48,207	95 710	48 906	51,098	52,982
1 741 088	907 481	52,121	1 661 361	871 396	52,451	1 752 227	935 752	53,404	53,326

1	2	3	4	5	6	7	8	9	10
Lfd. Nr.	Anlage	Zahl der Oefen in Betrieb	Ofenbauart	Länge	Breite	Höhe	Be-schickungs-höhe	Eingesetzte Kohlen-mengen gewaschen	Garungs-zeit
				der Oefen					
				m	m	m	m	t	
1	De Wendelsche Kokerei zu Hirschbach . . .	212	François-Rexroth	6,00 8,00 9,00	0,90 1,20 1,20	1,35 1,70 1,70	0,85 1,05 1,15	3,7 7,2 8,0	48 72
2	Röchlingsche Kokerei a) Altenwald . .	338	Röchling Collin François-Rexroth	Angaben fehlen					
3	b) Völklingen .	152	Coppée-Otto			"	"		27—50
4	Kokerei des Hüttenvereins Sambre und Mosel, Dechen	171	François-Rexroth	7,0	1,07/1,12	1,68	1,00	7,0	30—36
5	Kokerei der Burbacher Hütte . .	360	François-Rexroth u. Coppée	7,5 9,2 10,0 10,16	1,08 1,05 1,10 0,80	1,20 1,20 1,20 1,48	0,70—1,00	5—7,5	
6	Kokerei der Halberger Hütte, Brebach	150	Coppée Otto-Hoffmann	6 10,3	0,5 0,5	1,6 1,9	1,3 1,7	4 7	38—40
7	Kokerei der Gebrüder Stumm, Neunkirchen . .	384	Otto François-Rexroth	6,5 10,0	0,500 0,510/0,550	1,70 1,90	1,2 1,7	2,8 6,7	45 40
8	Staatliche Koksanlage a) Süd, Heinitz .	110	François-Rexroth	6	1,15 0,80	1,78 1,70	1,1 1,1	6 4	48 72
	b) Nord (früher Montangesellschaft Lothringen-Saar)	90	François-Rexroth	8 7	1,25 1,25	1,85 1,85	1,15 1,15	8 7	48
	Summe . .	1967							

11	12	13	14	15	16	17	18	19	20	21	22	23
Erzielter Koks auf 1 ganze t	Ausbringen in %, bezogen auf Rohkohle	Durchschnittliche jährliche Erzeugung eines Ofens t	Davon entfallen auf				Durchschn. Aschengehalt			Durchschnittlicher Wassergehalt		
			Gross-koks	Mittel-koks	Klein-koks	Lösch	derRoh-kohlen %	der ge-waschenen Kohlen %	des Koks %	der Roh-kohlen %	der ein-gesetzt. Kohlen %	des Koks %
2,4—2,5 4,75 5,2—5,3	56,48 — 56,88	500 550 620	nicht ermittelt				23,5	11,6	17,7	nicht festgestellt		
	rund 52	in durch-schnittl. 500 t	Angaben fehlen									
?	rund 51,8	700—900	93,52	1,93	4,55	?	22,5	7,8	11,36	—	—	7,4
3—5	49	450—750	96,0		1,5	2,5	22—26	7—8	10—12	5	12—15	6—8
?	rund 54	415 850	nicht ermittelt				Angaben fehlen					
rund 2,5	55—56	290—300 820—840	nicht ermittelt				25—26	7,5—8	11	5,6	15—18	6—10
4,0 2,8	53	380 650	93	1	5	1	24	8	12	4	18	8
5,5 5,0	53	7—800	93	1	5	1	24,5	8	12	4	18	8

Zusammenstellung der Ergebnisse von Vergasungsversuchen mit weiler, Maybach, Camphausen,

Lfd. Nr.	Name der Grube		Kohlenmenge zur Vergasung kg	Hieraus wurden erzeugt			
				Gas cbm	Teer kg	Koks (über 15 mm Korn) kg	Lösche (von 0—15 mm) kg
1	Sulzbach	8 Versuche ausgeführt 21. 1. bis 9. 2. 1898	121 820	35 470	4050	86 710	4040
		Es entfallen auf	100	29,12	4,06	—	—
2	Dudweiler	5 Versuche ausgeführt 9. 2. bis 20. 2. 1898	76 340	22 530	2355	54 790	2870
		Es entfallen auf	100	29,51	3,77	—	—
3	Maybach	4 Versuche ausgeführt 23. 2. bis 5. 3. 1898	61 050	18 040	2025	44 710	2220
		Es entfallen auf	100	29,55	4,06	—	—
4	Camphausen . . .	4 Versuche ausgeführt 17. 3. bis 7. 4. 1898	60 530	18 300	2055	44 520	1985
		Es entfallen auf	100	30,23	4,16	—	—
5	Brefeld	5 Versuche ausgeführt 21. 3. bis 15. 4. 1898	76 910	23 200	2895	55 570	2210
		Es entfallen auf	100	30,17	4,6	—	—
	Durchschnitt 1—5	26 Versuche	396 650	—	—	—	—
		Es entfallen auf	100	29,63	41,2	72,18	—
	Heinitz Betriebsergebnis i. Durchschnitt der Jahre 1895/96, 1896/97, 1897/98	entfallen auf	100	28,49	5,30	68,41	—

Kohlen I. Sorte der Königlichen Steinkohlengruben Sulzbach, Dud-Brefeld und Heinitz.

| Der Koks enthielt Stücke | | Aschen-gehalt der Koks | Wassergehalt der | | Mithin Trockengewicht an | |
über 40 mm sog. Gaskoks kg	von 40–15 mm sog. Sinder kg	%	Koks %	Lösche %	Koks kg	Lösche kg
74 720	11 990	9,06	7,81	13,26	79 938	3504
—	—	—	—	—	65,62	2,88
47 550	7 240	9,55	8,28	12,60	50 253	2508
—	—	—	—	—	65,83	3,29
38 710	6 000	8,89	8,23	16,43	41 030	1855
—	—	—	—	—	67,21	3,04
39 080	5 440	10,99	6,28	14,86	41 724	1690
—	—	—	—	—	68,96	2,79
49 370	6 200	8,70	5,39	16,88	52 575	1837
—	—	—	—	—	68,36	2,39
—	—	—	—	—	—	—
62,88	9,30	9,44	7,20	—	66,98	2,86
61,25	7,16	7,81	5,63	—	64,55	—

Berichtigung.

Seite 26 Zeile 19 v. u. muß es heißen D statt d (Sammelrumpf),
„   59   „   10 v. u.   „   „   „   Wäsche statt Wäche,
„   64   „   3 v. u.   „   „   „   Tafel 7 statt Tabelle 2.